口絵① 北陸新幹線上越妙高駅上空での皆既月食（2014.10.8撮影）
（コラム99頁）

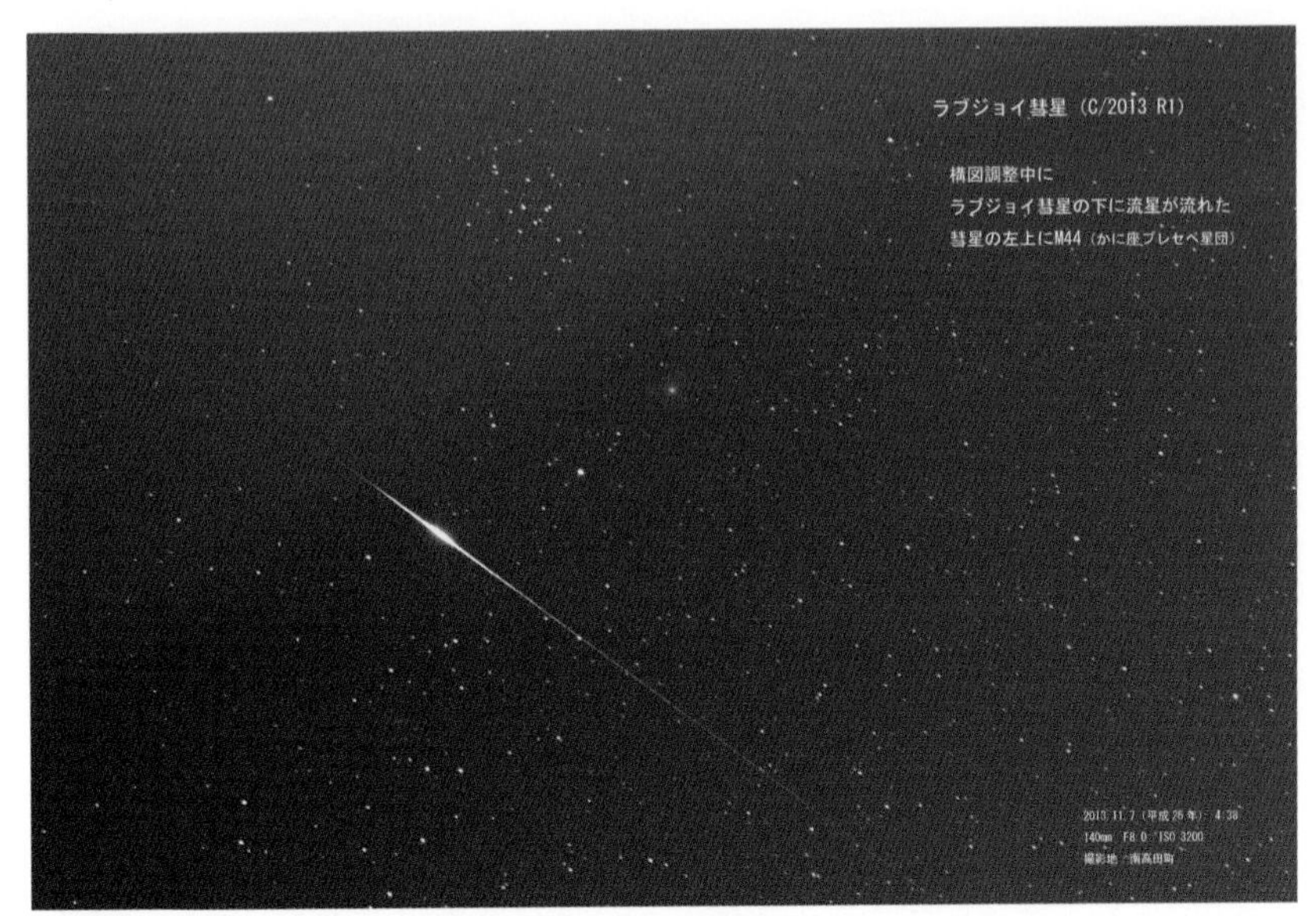

口絵② ラブジョイ彗星と流星（2013.11.7撮影）

口絵③ かなとこ雲（2017.9.30撮影）

口絵④ ネオワイズ彗星（2020.7.17撮影）

口絵⑤ ネオワイズ彗星（2020.7.17撮影）

口絵⑥ 全球可視画像が示す季節による夜と昼の長さの違い(89頁)

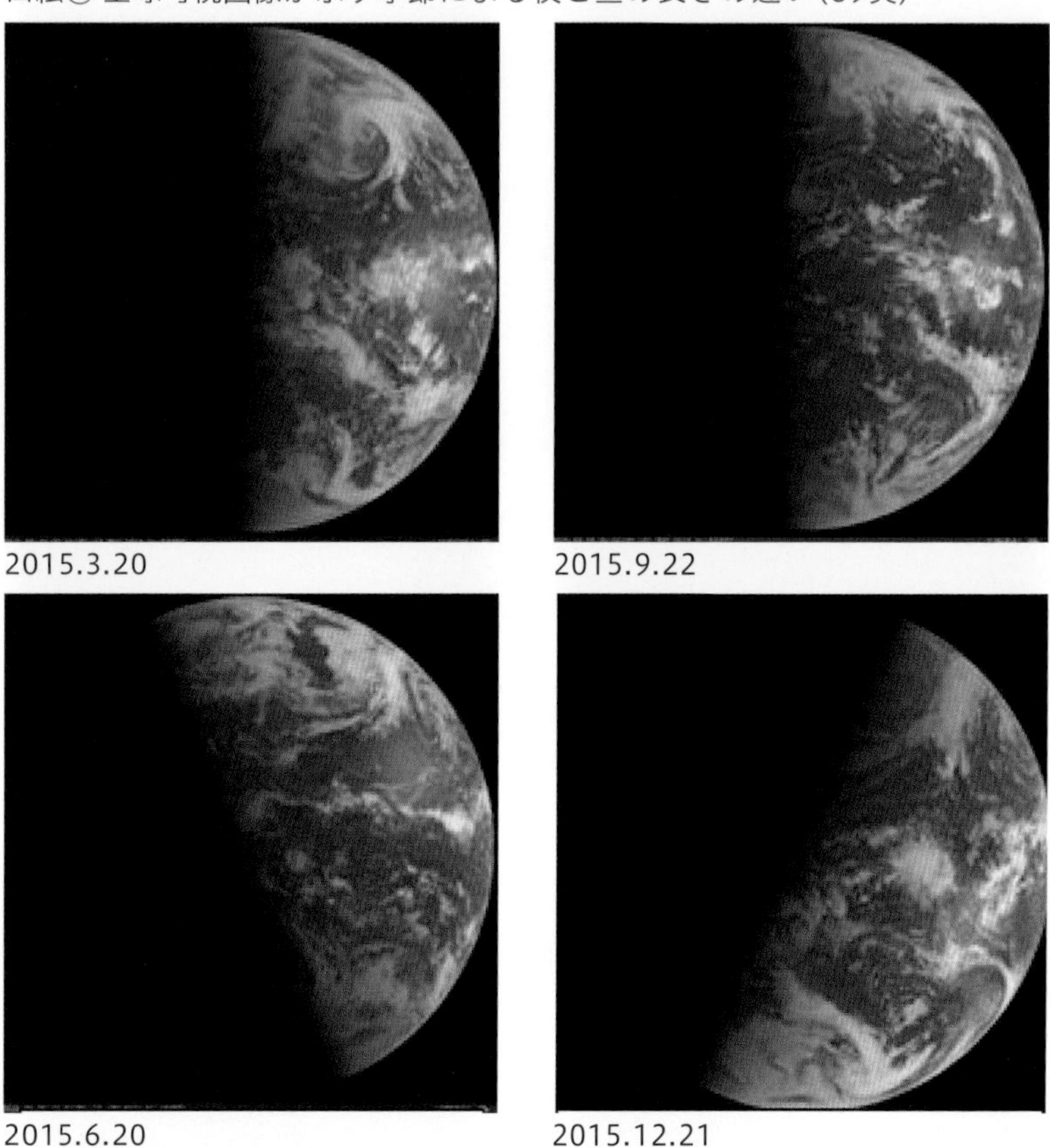

2015.3.20

2015.9.22

2015.6.20

2015.12.21

口絵⑦ 北半球と南半球での低気圧の渦の巻き方の違い(114頁)

2016.2.18 正午

2015.10.5 正午

大気光象と雲の写真

口絵⑧ 彩雲(2015.8.24撮影)

口絵⑨ 山を越え、流れ落ちる層雲(2016.4.20撮影)

口絵⑩ 積雲の列(2021.4.8撮影)

お天気教室～高田地区公民館～

「雲の出来方」「雲の発生」「降水の強さ」「雲はどうして落ちてこない」など参加者を前に講話と実験する著者。

「雲の発生」のミニ実験。

「雲発生実験機」。ペットボトルを使って雲を発生させる。

「気圧が下がると気温が下がる」を実験する参加者。

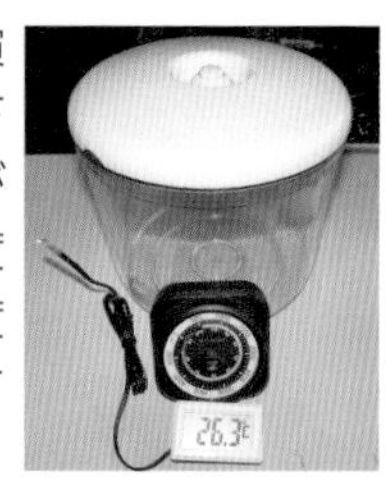

「気圧・気温変化演示装置」。気圧が下がると気温が下がる実験装置。高度計（気圧計）と温度計を容器に入れて実験する。

「ソーラーバルーン」で、空気が上昇することの手掛かりを実験する。黒色のビニール袋に空気を満タンにし、日当たりの良い場所に置くと浮き始める。温度が上昇すると、体積が増え密度が小さくなり、その結果、空中に浮かぶことになるのだ。

「雲はどうして落ちてこない」では、送風機の上で風船が浮かんでいる様子を、雲粒が空中に浮かんでいるモデルとして示す。

お天気教室～高田・高陽荘～

この日のテーマは「不思議？を大切に！」。大人や小学生の参加者に、「雲の発生」や「気圧が下がると気温が下がる」などの不思議さをミニ実験を通して明らかにする。

高陽荘で開催された「お天気教室」。

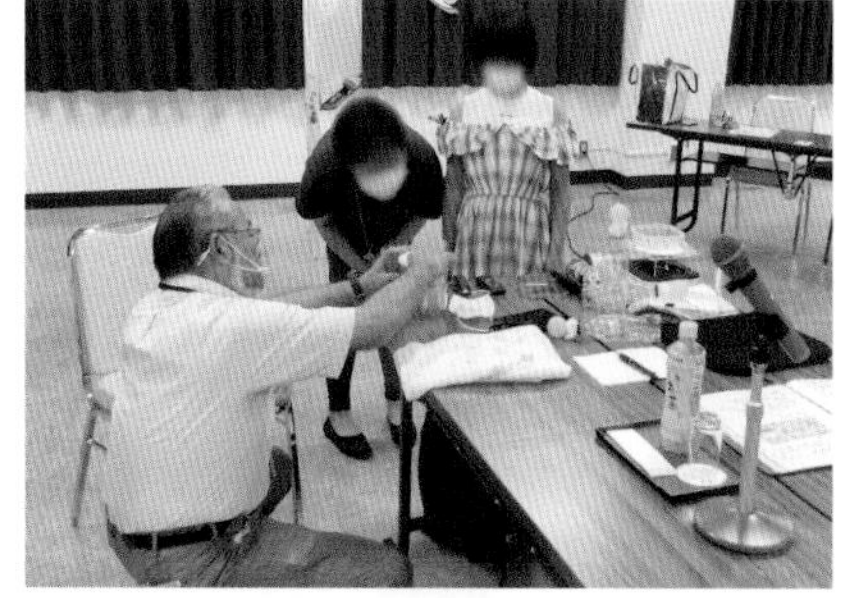

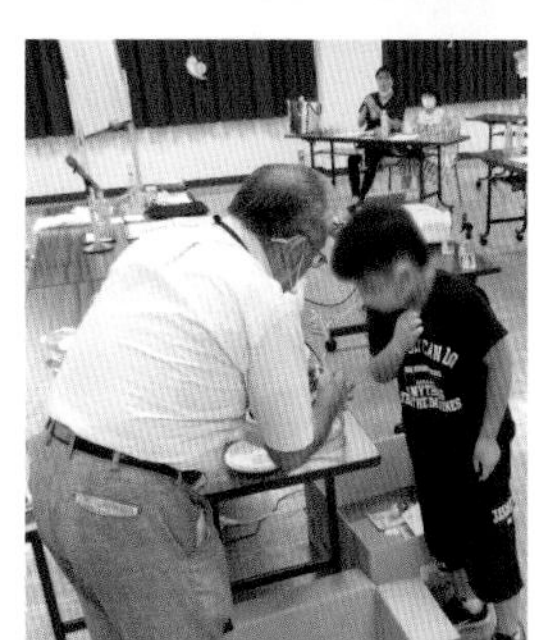

小学生と一緒に「雲の発生」のミニ実験。

口絵について

(口絵①～⑤、⑧～⑩は著者撮影。⑥⑦は気象庁ホームページに掲載されたものである)

天気の本なのに、星空の写真が載っている。なんでやねん？　と思われた方が多いと思う。もっともな話だ。でも、私の中では雲の撮影をすることと、星空の撮影をすることは次の点でつながっている。まずは、とても興味を持っているという点。次に、いろいろと撮りためておいて、自作の教材の材料に使いたいという点である。割合では圧倒的に、星空関係が多い。今後徐々に、雲や大気光象の写真を増やしたいと考えている。

コラム（77頁）で星空と雲の撮影について補足説明した。

※本書で掲載している図・表・データは特に記載してあるもの以外は、気象庁のホームページからの引用である。

元校長が、69歳で気象予報士になっちゃった

合格までの6年間の奮闘記

元上越市立名立中学校校長
水野敏明

ザ・ロード・カンパニー

はじめに

カバンがない！

ある日の朝、出勤しようとした時、あるはずの場所に愛用のカバンが見当たらない。

えっ、昨日持ち帰ったことは確か。でもない！　どこだ？

大騒ぎして探し回るが見つからない。「家になければ車の中か？」と玄関を出る。なんと入り口の脇に放置されているではないか。彼（？）は一晩中、一人（？）寂しくそこにいたのだ……。

定年となり、時間にゆとりのある生活となった。その中でこのような「前にはなかったよな」という失敗が時々起きていた。

ついに始まったか、アルツハイマー！　これは何かせねば。

といろいろ考えて思いついたのが気象予報士。

中学校の理科教師を三十六年間続けた。中学二年生で「天気の変化」を学習する。その教材研究として、気象学について一通り勉強していた。また、猛暑・豪雪・洪水など生活や災害と関連する天気の変化について、とても興味があった。ちょうど良い機会だから目指してみるか。と思い立ったのが運の尽き。六年もかかるとは。私にとっては超難関の気象予報士試験だった。

これは、定年を迎えた元中学校校長が気象予報士試験に挑戦し、合格するまでのドラマである。そして、二十一世紀を支える若者と若者を応援するシルバー世代へのメッセージでもある。

目次

元校長が、69歳で気象予報士になっちゃった
～合格までの6年間の奮闘記～

contents

contents

第7章

気象予報士試験で出題される内容

コラム

第1章

ひげじー気象予報士を目指す！

天気の変化に関する体験

七十年の人生の中で、天気の変化に関わる強く印象に残っている体験がいくつかある。小学生の頃、台風の影響で、我が家の脇を流れる用水沿いに吹く強い風が、玄関の戸に吹き付け、戸が壊れそうになったのだ。戸が壊れないように、家族総出で内側から押さえ付けていた。これは、昭和三十四年九月の伊勢湾台風（台風第15号）によるものだったようだ。高校生の頃、私が通っていた高校は、夏休みに入ると「全校登山」を行っていた。希望するコースを選択する形で実施され、その年私は白馬岳コースに参加した。雪渓を踏みしめ無事山頂に達したが、最も楽しみにしていた山頂からの眺望は、にわかに発生した濃霧に遮られ、全く楽しむことができなかった。

昭和最後の三年間の頃、豪雪に見舞われた。しばらく、市内の電車・バス・自家用車などの交通網はほぼマヒ状態が続いた。どうしても約10キロメートル離れた場所に物を届ける必要があり、徒歩で3時間ほどかけて何とか届けることができた。山間部の豪雪地に勤務していた頃、猛吹雪の中、自宅へ帰ることになった。視界は5メートルもない状態が続いていた。いわゆるホワイトアウトだ。幸い大型車が追い越してくれたので、そのテールランプを頼りに、ようやく先に進むことができた。長岡市に勤務していた頃、すさまじい豪雨を経験した。職場の窓から見える暗灰色の雲と、激しい雨が降り続く様子が鮮明に記憶に残っている。近隣の市町村で河川が氾濫し、広範囲で洪水が発生した。後日被害を受けた地域の様子を見て愕然とした。水没した車の山、水を被ったタタミや家具などが集められた空き地。初めて見る光景であった。

このような経験が重なり、次第に「天気の変化」に関しての興味や関心が強まったのだ。

昭和二十五年（一九五〇年）生まれ。ようやく敗戦からの復興が軌道に乗り始めた時代。普通にみんな貧しかった。でも今以上に自然にあふれ、自然とともに生活していた。父と庭先で、セミが羽化する様子を観察した記憶。母が作ってくれた、イナゴの唐揚げを食べた時の食感。今でも鮮明によみがえってくる。小学校に入ってからは、明るい

コラム

強い雨　猛烈な雨

天気予報では「強い雨が明日の明け方まで降り続くでしょう」とか「猛烈な雨となる予想です」などと、雨の降り方を解説している。雨の強さに関して、気象庁のホームページに下図のように記載されている。この内容で、「人の受けるイメージ」や「人への影響」は、区分のイメージがわきやすい。「やつはひも」。これは、区分の一文字目をつなげたもので、めざてんサイト（56頁）で覚え方として紹介されているものだ。

雨の強さと降り方

（平成12年8月作成）、（平成14年1月一部改正）、（平成29年3月一部改正）、（平成29年9月一部改正）

1時間雨量（mm）	予報用語	人の受けるイメージ	人への影響	屋内（木造住宅を想定）	屋外の様子	車に乗っていて
10以上〜20未満	やや強い雨	ザーザーと降る	地面からの跳ね返りで足元がぬれる	雨の音で話し声が良く聞き取れない	地面一面に水たまりができる	
20以上〜30未満	強い雨	どしゃ降り	傘をさしていてもぬれる	寝ている人の半数くらいが雨に気がつく		ワイパーを速くしても見づらい
30以上〜50未満	激しい雨	バケツをひっくり返したように降る			道路が川のようになる	高速走行時、車輪と路面の間に水膜が生じブレーキが効かなくなる（ハイドロプレーニング現象）
50以上〜80未満	非常に激しい雨	滝のように降る（ゴーゴーと降り続く）	傘は全く役に立たなくなる		水しぶきであたり一面が白っぽくなり、視界が悪くなる	車の運転は危険
80以上〜	猛烈な雨	息苦しくなるような圧迫感がある。恐怖を感ずる				

うちは外で遊んでいて、家に帰るのは夕食直前というのが普通の生活パターンであった。また、小学校の高学年では科学クラブに所属し、化石採集に出かけたり蝶の採集に夢中になったりしていた。高校では地学部に所属し、仲間と流星の観測を行った。高校卒業後、早稲田大学教育学部に進学し、理学科地学専修コースで学ぶことになった。大学時代は必修・選択科目で、一通り地学に関する教科を学習した。卒業論文では、ふるさと上越地域西部の地質調査と貝化石に関する研究を行った。卒業に当たって、新潟県の教員採用試験を受けて教員になろうと決めた。引き続き、地学に関する研究を続けることができる環境を求めたのが一番の動機であった。なかなか採用の通知が届かず、講師の採用はないかと探し始めていた昭和五十年三月の中頃、ようやく採用の連絡があった。新潟県の中学校教員として社会人第一歩を踏み出すことになった。最初の勤務校は、新潟県西蒲原郡中之口村立中之口中学校（現在は新潟市立）であった。

それから三十六年間、中学校で理科教師を務めた。上・中・下越で中学校九校、行政機関二カ所を経験し、最後は上越市立名立中学校校長として定年を迎えた。その後、上越市立理科教育センター五年、国立妙高青少年自然の家三年の勤務を経て、現在上越市立城東中学校で非常勤講師を務めている(令和三年九月現在)。

この間を振り返ると、気象に関する思いや実践は次のようであった。

教員時代、中学二年生の「天気の変化」の中で、ダイナミックな大気現象を、分かりやすく理解させるにはどうしたら良いだろうと考えていた。また、自分自身の教材研究をさらに深める必要性も感じていた。ただ、三十六年間の教員生活の中で、かなりの年数は「生徒指導(特に反社会的行動に関して)」に追われていた。言い訳になってしまうが、なかなか十分な教材研究の時間が確保できなかったのが実情であった。

理科センターに勤務していた頃、小・中学校の理科授業に関する研修や教材の提供を通じて、教員時代に感じていた、ダイナミックな大気現象を理解させるための良い教材はないだろうかと模索し始めた。高層天気図に出会ったのがこの頃であり、教材化する方法を考え始めた。また、教材開発や教材提供の一環で、星空や雲の写真撮影に興味を持ち、いろいろと撮影をした。そして理科センター四年目に、気象予報士を目指そ

コラム

《今日の天気》快晴・晴れ・曇り・薄曇り

生徒に「今日の天気は何ですか？」とよく聞かれる。天気は、降水が無い場合には雲量によって決まる。気象庁のホームページには、次のように記載されている（下図）。降水があれば「雨」、降雪があれば「雪」となる。「雲量」といっても、なかなかイメージしにくい。二年生に「天気教室」をしたときに、同席していた職員からどのように雲量を判定するのかと質問を受けた。経験豊富な気象庁の職員ならば、空を見上げて観察することでおおよその雲量を決めることができるのだろうが、一般には難しい。「魚眼レンズ」で撮影すれば分かりやすくなるかもしれない。

天気概況用語	大気の状態
「快晴」	雲量１以下の状態が長く継続している状態。
「晴」	雲量２以上８以下の状態。
「曇」	雲量９以上であり、見かけ上、中・下層雲量が上層雲量よりも多く、降水現象がない状態。
「薄曇」	雲量９以上であり、見かけ上、上層雲量が中・下層雲量よりも多く、降水現象がない状態。

うと思い立ったのである。

国立妙高青少年自然の家は妙高山麓の緩斜面に立地しており、豊かな自然に囲まれている(標高約600メートル)。日々過ごす中で、妙高山にかかる雲の様子と天気の変化や、平地を挟んだ東側の山地にかかる雲の変化の様子を興味深く観察した。業務の一つとして、「星空教室」の指導を小・中学生に行う機会があった。自然の家では、恵まれた自然を生かす形で、様々な活動プログラムが用意されている。その活動の一つとして、「妙高山周辺の天気の変化」というテーマで、新しいプログラムを加えることができるのではないか、と考えるようになった。

非常勤講師時代は、定年後の経験の中で「あたためていた」アイデアを実践した。具体的には、授業で使用する学習プリントに「今日のなんでやねん?」という欄を作ったこと、毎回の資料としてその日の「天気図」と「気象衛星画像」を載せたことの二点である。日々の生活の中で感じている疑問を記録する習慣を身につけて欲しかったこと、その日の天気に関する情報に親しんで欲しいと考えたことがその理由である。

コラム

《台風その1》台風の定義

天気予報で、「間もなく台風となる見込みです」などと表現される。気象庁のホームページには、台風の定義として次の内容が記載されている。

熱帯の海上で発生する低気圧を「熱帯低気圧」と呼びますが、このうち北西太平洋（赤道より北で東経１８０度より西の領域）または南シナ海に存在し、なおかつ低気圧域内の最大風速（10分間平均）がおよそ17メートル毎秒（34ノット、風力8）以上のものを「台風」と呼びます。

このように「台風」と「熱帯低気圧」とが厳密に区分されているのだ。気象予報士試験でも、「専門知識」や「実技」でたびたび台風に関して出題されている。

時々授業の冒頭の数分間を使って、「なんでやねん」に書かれていたことを話題にしたり、その日の天気について触れたりした。「なんでやねん」に書かれていた、天気に関する主な内容を書き出すと、次のようなものがあった。

・どうして晴れた日の朝は冷えているの？
・北風はどうして冷たいの？
・晴れているのに雨が降ることがあるのはどうして？
・昨日雪が降っていたのに、今日はどうして気温が12度まで上がって暖かいの？
・雲はどうやってできるの？

このように、生徒たちは日々の生活の中で様々な現象を経験し、素朴な疑問を抱いているのだ。天気の変化に関する、基礎的で重要な内容も含まれている。何とかそれらの素朴な疑問を解決できるような場を作りたいものだ。

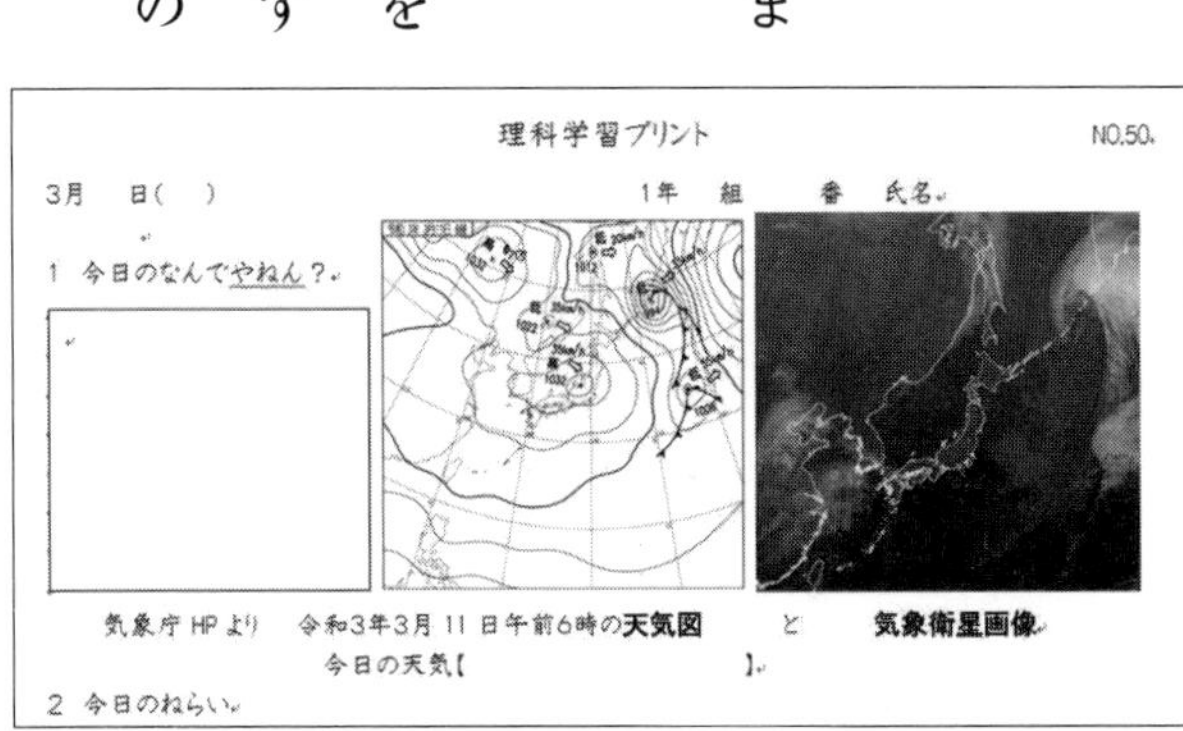

コラム

《台風その2》台風の上陸

気象庁が発行している「こんにちは気象庁です！」（平成二十八年十月号）に次の記事が掲載されている。

> 台風の上陸の定義をご存知でしょうか。気象庁では、台風の中心が北海道、本州、四国、九州の海岸線に達した場合を「日本に上陸した台風」としています。ただし、小さい島や半島を横切って短時間で再び海に出る場合は「通過」としています。このため、例えば沖縄本島を台風が通っても上陸とは言いません。また、一度上陸した台風が海に出て、再び別の海岸線に達した場合は再上陸と呼んでいます。

「台風が上陸した」という状況は、この記事の通りであり、学科専門でこの知識を問う出題が過去にあった。

コラム

《台風その3》台風の大きさと強さ

天気予報で「大型で強い台風第○号」などと表現される。この大きさと強さは気象庁のホームページでは、次のように定義されている。

> 気象庁は台風のおおよその勢力を示す目安として、左表のように風速（10分間平均）をもとに台風の「大きさ」と「強さ」を表現します。「大きさ」は強風域（風速15ｍ／s以上の風が吹いているか、吹く可能性がある範囲）の半径で、「強さ」は最大風速で区分しています。
>
> さらに、風速25ｍ／s以上の風が吹いているか、吹く可能性がある範囲を暴風域と呼びます。

「実技」で、この台風の大きさと強さに関する出題が多くある。問一の穴埋め問題で問われる場合と、続く大きな設問で台風の盛衰に関わって出題される場合がある。

強さに関しては、数値の設定を暗記しておく必要がある。私は暗記用のミニノートを持ち歩いて、いつでも確認できるようにしていた。超大型と大型それぞれの大きさを日本列島と比較すると左下の図のようになる。

強さの階級分け

階級	最大風速
強い	33m/s(64ノット)以上～44m/s(85ノット)未満
非常に強い	44m/s(85ノット)以上～54m/s (105ノット)未満
猛烈な	54m/s(105ノット)以上

大きさの階級分け

階級	風速15m/s以上の半径
大型 (大きい)	500km以上～800km未満
超大型 (非常に大きい)	800km以上

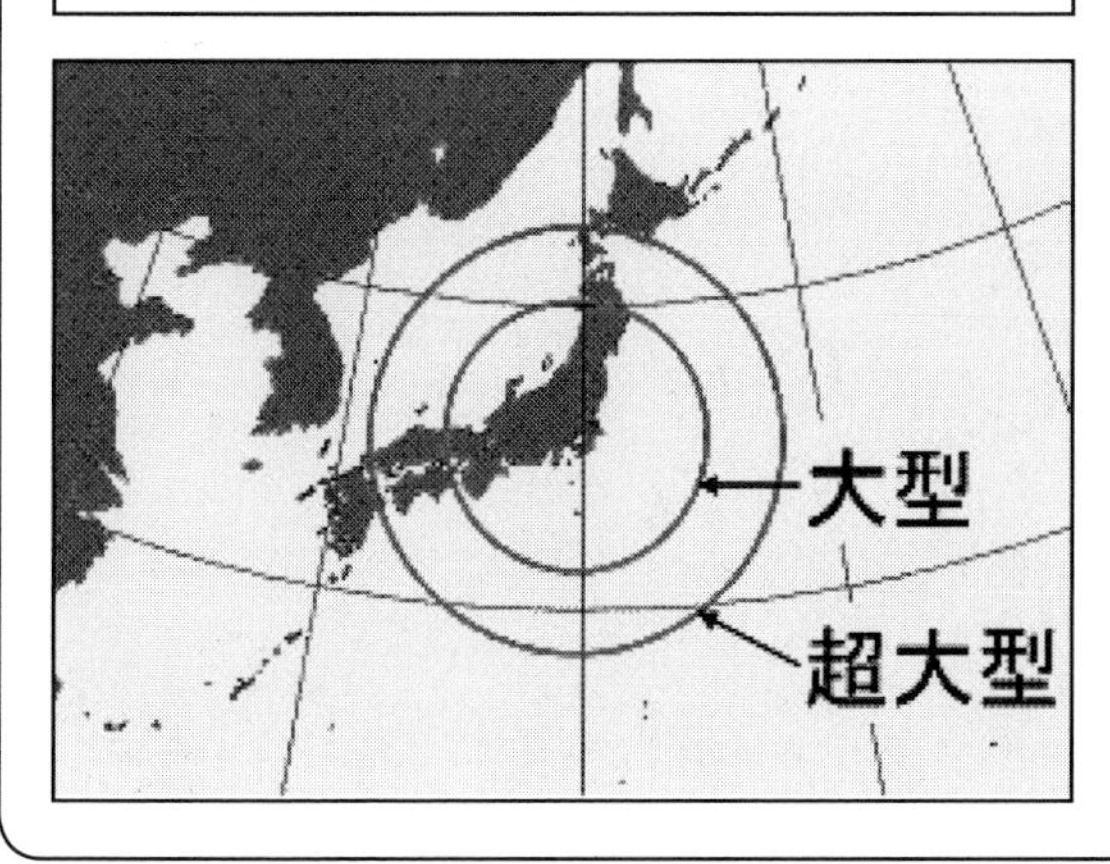

コラム

雷の多い地域と多い季節

「雷は夏が多いか、冬が多いか？」と質問されたとする。その答えは、聞かれたその人が住んでいる場所によって変わるはずだ。

気象庁のホームページに掲載されている下図の資料に次の説明が記載されている。「年間の雷日数が多いのは東北から北陸地方にかけての日本海沿岸の観測地点で、もっとも多い金沢では42.4日となっています。これは、夏だけでなく冬も雷の発生数が多いことによるものです」。新潟県に住んでいる私は、そのことを体感している。この知識を問う出題が「学科専門」であった。雪雲が原因の雷を「雪下ろし」と地元では呼んでいる。

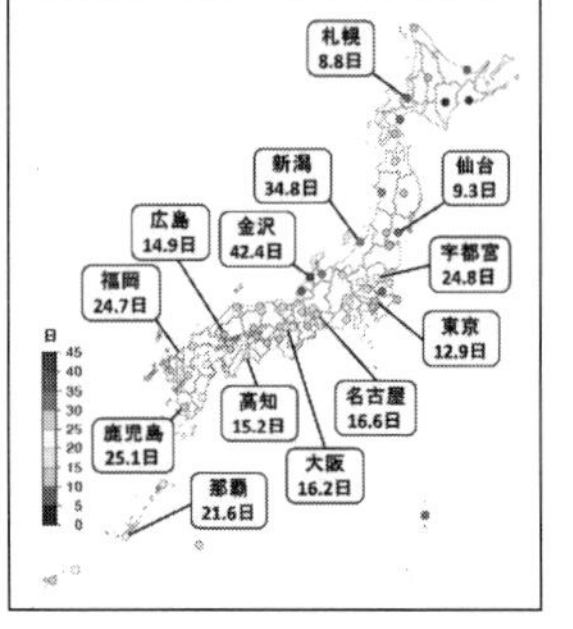

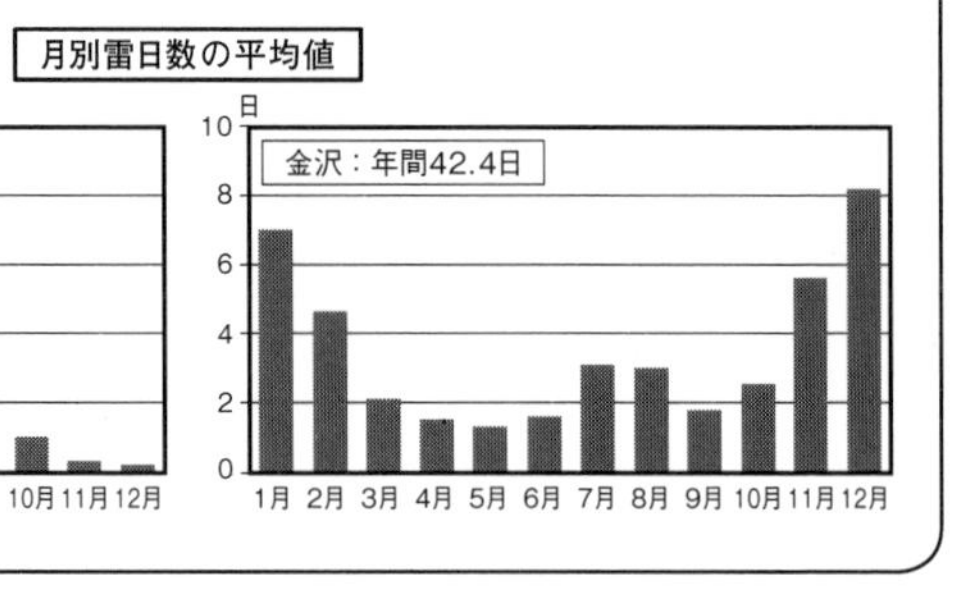

そして気象予報士を目指す

はじめに、にも書いたように、六十歳を越えた頃からあり得ない失敗をするようになった。探し物をする時間が増えたのだ。玄関の鍵とセットにしてある車の鍵が見つからない。どこを探しても見つからない。家には入ったのだから、家の中のどこかに置いたに違いない。また後で探せばいいさ、とスペアキーを持って玄関を出る。……何と玄関の鍵穴に、差し込まれたままになっているではないか！　一晩中その状態だったのだ。

私が購入して読むのは主に新書本である。本屋で目に留まったものがあると購入する。その日もタイトルに惹かれ、少し立ち読みをしてから購入した。家に帰って、読みたいと思っている本の場所に置くと、何と同じ本がそこにあるではないか。えっ、買ってあったんだ。中を開いてみると、所々にアンダーラインが引いてある。間違いなく前に読んでいたのだ。でも、その記憶は全くない。

記憶力や理解力の衰えを自覚するようになっていた（もともと大したことはなかったのだが……）。これは何とかせねば。意識的にものを覚えたり考えたりすることに挑戦しよう。そう決意して、その候補を考え始めた。

ＥＫＹ63の誕生

前から天気に関して興味があった。理科人にとって、「気象予報士」は憧れの国家資格である（と私は思っている）。現役の時にも、書店で実際の試験問題を確認したり、試験に向けた参考書を読んだりはしていた。でも、片手間にやって合格できるほど甘くはないということは分かっていたので、挑戦することはなかった。定年退職して、現役の時よりも時間のゆとりはある。

これだな。よし、気象予報士に挑戦しよう。こう決意したのは、上越市立理科教育センターで勤務を始めて四年目のことであった。こうして私は、気象予報士の卵となった。ＥＫＹ63（六十三歳にしてＥｇｇ ｏｆ Ｋｉｓｙｏｕ Ｙｏｈｏｕｓｈ・ｉ）の誕生である。

さて、いつになったら孵化するのやら。何とか六十歳代のうちになりたいね。

ひげじーの由来

前期高齢者（六十五歳以上）となる年の年末年始。何がきっかけだったか思い出せないのだが、「ひげを剃らないでいよう」と突然思い立った。多分さぼりぐせだったのだろう。結果オーライで、これが結構さまになっていた（本人の個人的な感想です）。以来、六年続いている。教員の現役時代には、ひげを伸ばすことは考えられなかった。でも本音では、「いつか伸ばしてみたい」と思っていた。年とともに髪が白くなり、併せてひげも白くなってきた。面白いことに、鼻の下のひげは他の場所と比べて、まだ黒色が多かった。鼻の下のひげも伸ばすと、これは「パンダひげ」になるぞ、と判断して鼻の下は剃ることにした。

私には四人の孫がいる。彼らから「ひげじー」と呼ばれることとなった（呼ばせることにした）。

コラム

気象庁ホームページについて

気象庁のホームページにはずいぶんお世話になっている。現在もほぼ毎日閲覧している。令和三年二月にリニューアルし、トップページが下のようになった。私は授業で使う学習プリントに掲載する、天気図と衛星画像を毎日チェックしてダウンロードしている。最新の情報が掲載されているので、「学科専門」の学習にとても役に立つ。私は主な内容をダウンロードして印刷し、いつでも確認できるようにしていた。基本的な用語も、掲載されている内容が基本となるので、時々目を通しておくと「学科一般」の対策にもなる。

第2章

気象予報士試験について

気象予報士とは？

テレビの天気予報で、どの局にも気象予報士のお姉さん、お兄さん、おじさんが登場する。「気象予報士」はおなじみではあるが、その「本来の姿」は正確には知られていないと思う。

気象予報士の資格を生かして働いている場合の主な役割は、次のようにまとめることができる。

主に気象庁発表の、各地の観測データや気象レーダー・アメダスなどのデータ、気象衛星画像などの情報を分析し、天気・気温・風・湿度・降水確率などを予想する。狭い地域の予想ほど、その地域の地形の影響を考慮する必要があるため、細心の注意が必要となる。

ここで気象予報士に関する◯×クイズ。

Q１　気象庁発表の天気予報を解説するのは、気象予報士でなければならない。

Q２　自分が予想した気象に関する現象を解説するのは、気象予報士本人でなければならない。

Q３　独自の天気予報をするために使う「**現象の予想**」は気象予報士が行わなければならない。

以上の表現の中での、微妙なニュアンスの違いをお分かりいただけるだろうか。

巻末に資料として、気象予報士に関係する「気象業務法」の条文を掲載した。そのうち、クイズに関係する条文は、次の二つである。

１　この法律において「予報」とは、観測の成果に基く現象の予想の発表をいう。（第一

章 総則　第二条）

2　許可を受けた者は、当該予報業務のうち現象の予想については気象予報士に行わせなければならない。（第三章 予報及び警報　第一九条の三）

○×クイズを条文に沿って見直してみよう。

Q1　気象庁発表の天気予報を解説するのは、気象予報士でなければならない。

正解：×

これは、気象庁発表の天気予報を解説しているのであって、現象を予想し発表していることにはならない。つまり誰にでも可能なのである。

Q2　自分が予想した気象に関する現象を解説するのは、気象予報士本人でなければならない。

正解：×

気象予報士が行わなければならないのは、現象の予想であり、それを解説するのは気象予報士である必要はないのである。

Q３ 独自の天気予報をするために使う「**現象の予想**」は気象予報士が行わなければならない。

正解：○

これは条文通りである。

試験の概要

私は気象予報士試験を説明するとき、次のたとえ話を使う。

「陸上競技でいうと、ハードルを二回越えた後に走り高跳びを二回跳ぶ」、このような試験だ。午前中に「一般知識」「専門知識」（ハードル）の二科目受験する（各60分）。これは十五問出題され、五択式の問題となっている。一問当たり４分で解答するペースで、マークシート式になっている。

午後は難関の実技試験（走り高跳び）である。走り高跳びは跳躍するバーの高さ（難易度）を自分で選択することができるが、予報士試験は出題者（気象業務支援センター）が決定する。実技一と実技二（各75分）が30分の休憩を挟んで行われる。A４版で四枚の問題文と、十～十四枚の資料、解答用紙A４版四枚が通常の形式となっている。穴埋め式や選択式の問題の他、前線などの作図や記述式の問題が出題される。これらのうち、何といっても難しいのが記述式の問題である。資料を読み解いて、気象現象に関する「状況」や「判断した理由」を、三十～六十字程度で記述する。瞬時に、キーワードを拾い出し「聞かれていることに焦点を当てて」文章化する。これらの学科と実技を一日の日程で実施するのだ。相当な体力と集中力が必要である。

学科一般・専門に合格すると、それぞれ以後二回分は受験が免除されるシステムになっている。合格すると、以後の勉強を不合格だった学科や実技に集中することができる優しい配慮である。

しかし、実技は全員受験することはできるのだが、学科一般・専門ともに合格していないと採点をしてもらえないのだ。受験生は解答例が公表されるまでは、学科で何点だったかは分からない。結果的には、実技は自己採点では合格ラインに達していたが、専門で一点足りずに涙をのむ。といった悲劇も起きるのだ。

合格までの格闘と試行錯誤

受験が終了すると、しばらく休みたいという気持ちになる。試験は八月（各年度一回目）と一月（二回目）に実施される。年度二回目の試験から翌年度一回目の試験までの期間は七カ月と長いのだが、年度一回目の試験から二回目までの期間は五カ月と短い。合格発表（毎回およそ二カ月後）までの期間を有効に活用できるかどうかが、合格にたどり着くポイントだと考えている。

私は、受験の翌日から次回に向けて再始動することを心掛けた。まずはノートに進行予定表を作ることから始めた。最初に手作りカレンダーを作成する。期間は次の試験予定日までだ。次の試験日は決まっているので、試験まで何週間かを赤字で記入する。そして、記録として毎日の学習内容を書き込むことにした。このノートは手元に何冊も残っている。読み返すと格闘した日々がよみがえってくる。

生活パターンの確立　～いかに学習時間を確保するか～

定年退職後も仕事を続けていたので、特に平日の学習時間確保は大きな課題となった。いろいろと時間の設定を試してみたが、一番無理なくできたのが「早く眠って早く起きる」というパターンであった。「夜のはじめ頃」には眠り、「明け方」には目覚める。というパターンである。目覚めてからの2～3時間を学習に当てることができる。平日はこのやり方がいつしか定着した。また休日は、特に予定がない限り図書館に出かけ、5～6時間の学習時間を確保するようにした。こうした生活のリズムが定着すると、無理に意識しなくても学習を始めている状態になる。また、後述する様々な自作教材を、ちょっとのすき間時間でも活用するようにした。

生活パターンの確立が学習効果を生み出す最大の秘訣である。

コラム

呪文？ 未明朝前過夕始遅

これは後述する、北上大氏が開設している「めざてんサイト」（56頁）の中で、一日の時間区分の覚え方として示されているものである。

一日は3時間ごとに、次のように八つに区分されている。

未明0時～3時　明け方3時～6時　朝6時～9時　昼前9時～12時　昼過ぎ12時～15時　夕方15時～18時　夜のはじめ頃（ひらがなで表記される）18時～21時　夜遅く21時～24時

このそれぞれの一文字をつなぐと、タイトルの「呪文」になるのだ。この時間区分は、天気予報の中で「雨は明日の明け方まで降り続く見込みです」などと使われる。また、「実技試験」では降水や降雪の状況を解答するときに、「時間区分で」と指定されることがよくある。重要暗記項目の一つである。

受験に出かける時の荷物が経験を積むたびに少なくなった

最初の受験の時、持参した荷物はとても多かった。「あれもこれも」と欲張り、Dバッグいっぱいと手提げバッグであった。特に、試験関係のグッズは多かった。一般・専門・実技関係のまとめや問題の資料など、多分その時は「身近に置く安心感」だったのだろう。経験を重ねるたびに持参する荷物は減っていった。最後の五十四回受験の時には、後述する「直前チェックノート」と前夜に取り組む予定の「一回分の実技問題」だけであった。ずいぶんスリムになったものだ。

考えられることは何でもやった

家内が試験約一週間前から、「験担ぎ」として何度も「カツ丼」「カツカレー」などの食事を準備してくれた。東京に移動してからも、夕食や朝食に「カツ」を食べるようにしていた。また、脳へのエネルギー補給として、コンビニで扱っている「一口羊羹」「ジェルタイプのエネルギー補給剤」なども準備して、休憩時間に活用した。

試験の約一カ月前から、当日の流れを体に染みこませることを目的として、設定された試験当日の時間の流れ通りに、「自主模擬試験」を何度か行った。これは、会場に到着してからのシミュレーション、緊張・集中とリラックスなどの訓練といった意味で、本番での緊張感を緩和する効果があったと思っている。

学習の中心は過去問題演習

学科、実技ともに基礎的な学習の次は、ひたすら過去問題演習に取り組むことが学習の中心になる。学科一般は第一回からの全問に、専門は過去十年間の問題に、実技は過去七年間の問題に、繰り返し取り組んだ。

【学科編】

一般・専門ともに出題された問題を、分野ごとにまとめた問題集を作成した。A4版のルーズリーフ用紙に、切り離した問題を貼り付けて作成する。この問題集の利点は、繰り返し出題されている内容が確認できることと、自分の苦手な分野がはっきりすることである。

また問題によっては、関連する基礎的な内容の理解が不十分だったことが分かる。対策として、ルーズリーフ用紙に正解を得るために必要な内容をまとめ直して、その問題の次のページに綴るように

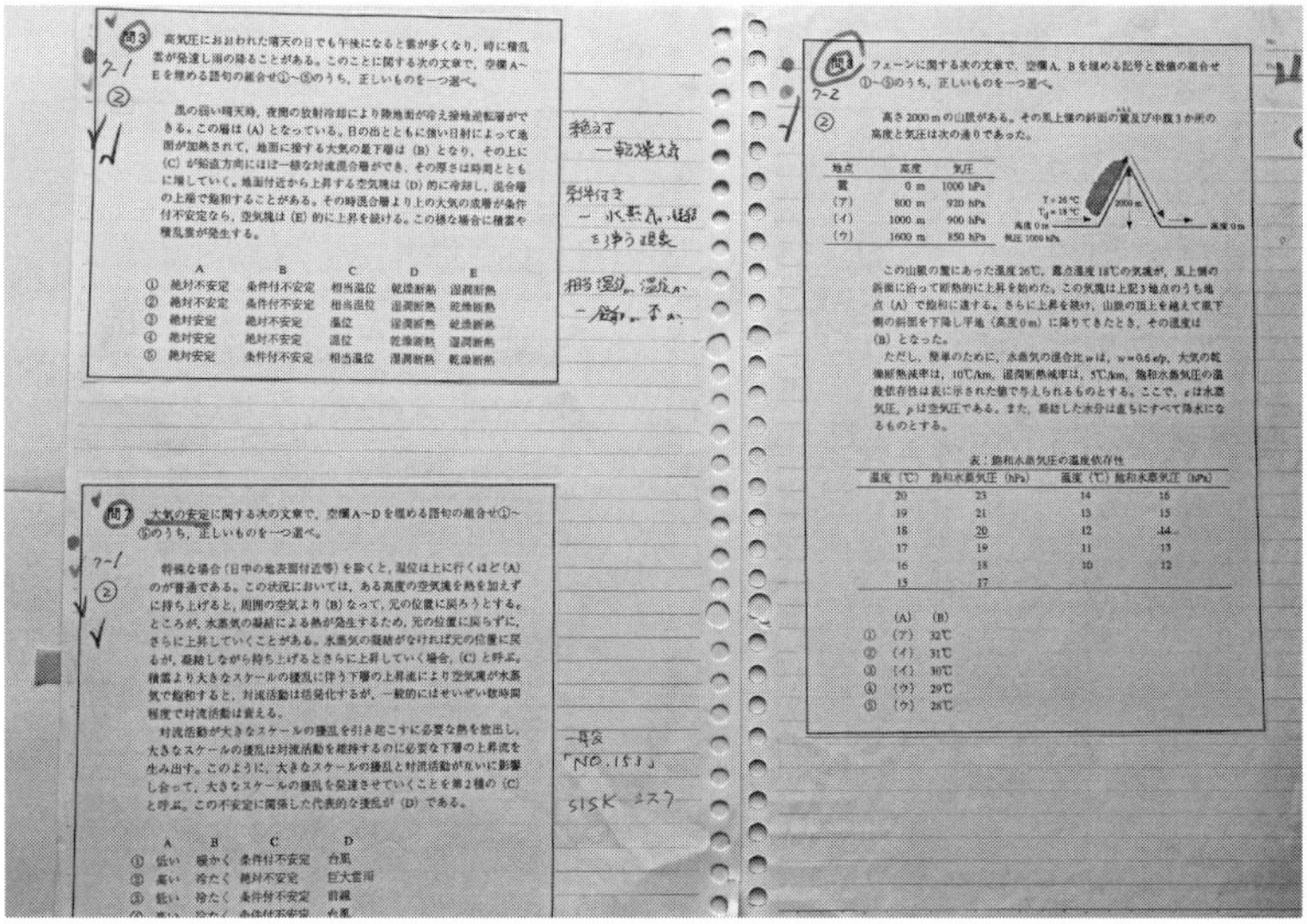

自作問題集

した。この方法を重ねるにつれて、過去問題を中心とするオリジナルの参考書ができあがっていった。

苦手分野を作らない

学習を重ねるほど苦手な分野が見えてくる。しかし、苦手のままにしておいてはいけない。試験の本番で苦手意識が残っていると、「出てしまった」という気持ちは当然マイナスに働く。これを何とか「よし出たぞ」というプラスの気持ちにしたい。この苦手意識を払拭するには、ひたすら問題演習に取り組むしかない。そのために意識したことは、問題を解くために必要な関連事項を再度学習し直し、より確実に理解するように努めたことである。また、計算が必要な問題では、余白にきちんと筆算の記録を残すだけでなく、何とか要領よく答えを導く手順はないかといった視点で、繰り返し演習に取り組んだ。「苦手」を「得意」とする域には達しなかったと思うが、少なくとも「出題されても大丈夫」といった状態にはなれたと思う。

ミニノートを使って資料を作る

学科・実技ともに基礎的な重要事項がたくさんある。これらの内容を、コンビニでも手に入るミニノートにまとめて資料集を作成した。いつも持ち歩き、ちょっとでもすき間の時間があれば目を通すようにした。記憶力の減退を自覚していたので、この方法は実に有効であった。

なかなか越えられない十点の壁

受験を重ねたが、なかなか十一点の合格ラインに達しなかった（満点は十五点）。十点や九点（これは問題外）といった状態が数回続いた。で

ミニノート

も今までのやり方を信じて、過去問題演習と基礎事項の復習を合わせての学習を続けた。四〜五回目からの受験で、学科に関してはようやく合格できるようになった。前述したように、合格すると続く二回分は受験が免除される。他の学科や実技の学習に集中できるようになった。

エクセルに入力

学科は五択形式である。前項の「十点の壁」を乗り越える工夫の一つとして、次の取り組みをしてみた。過去問題を可能な限り、エクセルを使って入力したのである。これをすることで、各分野の基本的な内容が、よりはっきりと確認

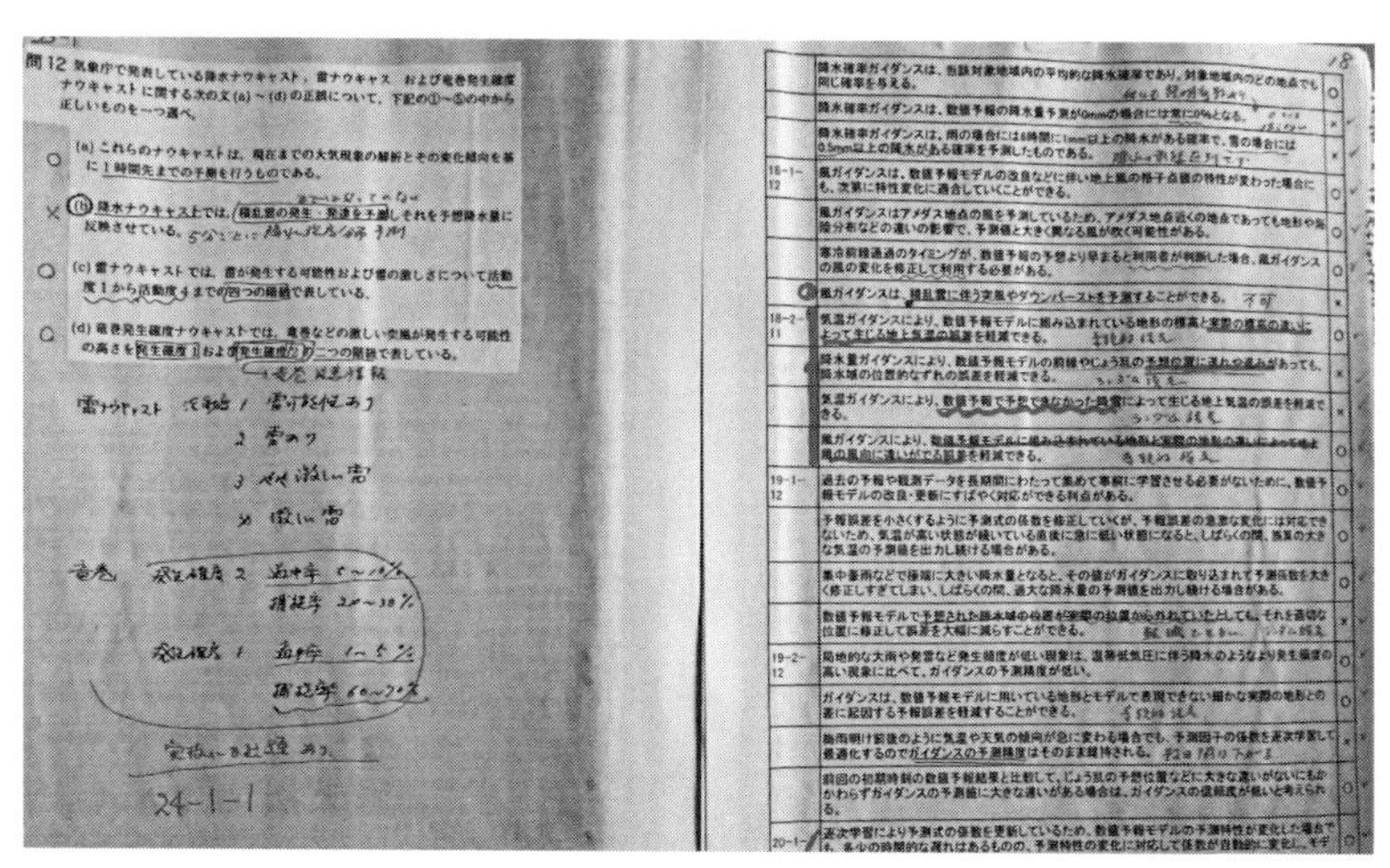

問12 気象庁で発表している降水ナウキャスト，雷ナウキャスト および竜巻発生確度ナウキャストに関する次の文(a)～(d)の正誤について，下記の①～⑤の中から正しいものを一つ選べ。

(a) これらのナウキャストは，現在までの大気現象の解析とその変化傾向を基に1時間先までの予測を行うものである。

(b) 降水ナウキャストでは，積乱雲の発生・発達を予測しそれを予想降水量に反映させている。

(c) 雷ナウキャストでは，雷が発生する可能性および雷の激しさについて活動度1から活動度4までの四つの階級で表している。

(d) 竜巻発生確度ナウキャストでは，竜巻などの激しい突風が発生する可能性の高さを発生確度1および発生確度2の二つの階級で表している。

エクセル入力データ

することができるようになった。また、これをプリントアウトして綴ったファイルを、前記のミニノートと一緒に持ち歩き、暇さえあれば目を通すようにした。

法規関係対策

法規関係は毎回四問出題されるパターンになっている。全問正解することで、十点の壁を越え十一点に達することにグッと近づく。その対策として次のような工夫をした。問題を切り離し、気象予報士関係・警報関係・気象予報の許可関係などといった内容ごとに、チャック付ビニール袋に収納して、いつでも確認することが

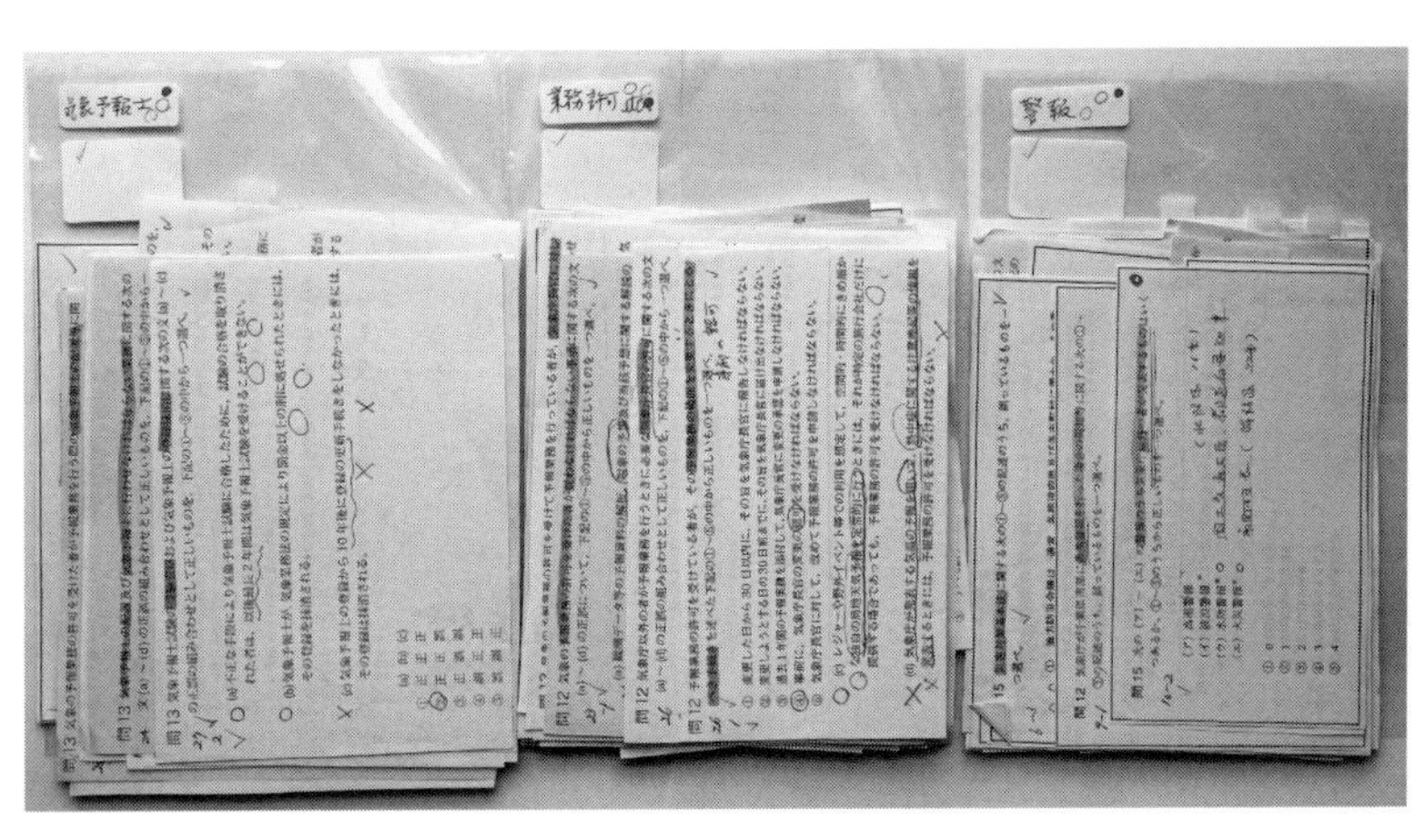

法規問題

できるようにしたのだ。私が持ち歩くカバンの中には、ミニノート・エクセルデータ・法規資料の三点セットが常に入っていた。いつでも、どこでも、勉強ができる環境を整えた。

新鮮な気持ちで取り組むために

不合格となり次を目指すとき、同じことの繰り返しではマンネリとなりかねない。そこで、新鮮な気持ちで取り組めるように、毎回新しい内容を工夫するようにした。たとえば、過去問題演習と並行して一般・専門ともに内容のまとめを作り直した。一見時間の浪費のように感じるが、今まで使っていたまとめをただ読み直す

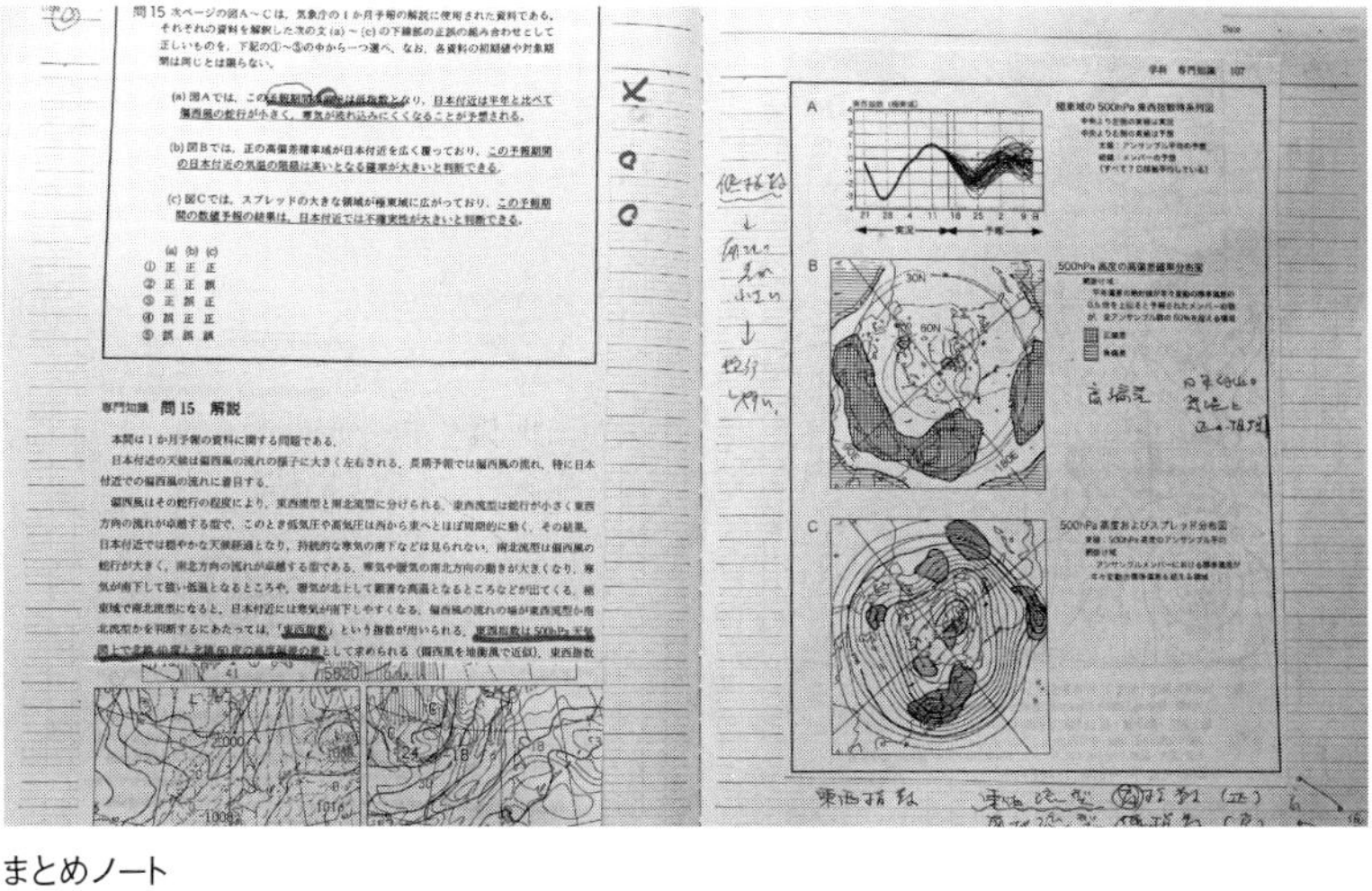

まとめノート

のではなく、作り直すという作業を取り入れたことで新たな発見があったり、より深く理解することができるようになったりした。このような経緯で作成した何冊もの資料は、今では懐かしい財産となっている。

【実技編】

学科に合格するようになってからは、実技対策が中心となった。これがまた、苦難の日々だったのだ。記述式の問題では、「問われていることに、いかにストレートに」解答するかがポイントとなる。ただし、指定の字数はあまり気にする必要はない。過不足なく解答すると、結果的に指定字数に近くなるからだ。その意味で、指定字数は正答を書くための「ヒント」にもなっている。このことに気付いたのは、十回目の受験の頃からだった。

瞬時に簡潔に

正答を記述するには、相当な訓練を重ねる必要がある。

①問題文を正確に読み取る。

②問われていることを把握する。

③何を答える必要があるか洗い出す。

④記述するキーワードを考える。

⑤記述する。

このような手順で、瞬時に頭の中で文章を組み立てなければならない。75分以内でたくさんの設問を解答する、時間との闘いである。「まずは下書きをして」などと悠長なことは言っていられない。日々の学習の積み重ねで、①~⑤が無理なく短時間でできるようになる。要は問題文を読み終えたときに、解答の文章が頭の中で組み立てられている。この域に達してようやく合格できる。極端な言い方をすると、考えている暇はないのである。

ただ闇雲に、ではなく

最初の頃は、ただひたすら過去問題演習を繰り返していた。しかし、一向に合格のラインには届かない。この繰り返しであった。前に解答した内容と比較してみると、同じような誤答が多くあったのだ。これは全く力が付いていないことを表している。そこで、一回解答して採点した時に、誤答だった問題を徹底的に分析することにした。この設問で解答すべき内容は何か、問われている現象の原因となることは何か、そのことが資料のどこに現れているのか、などなど丁寧に分析して解答に入れるべきキーワード

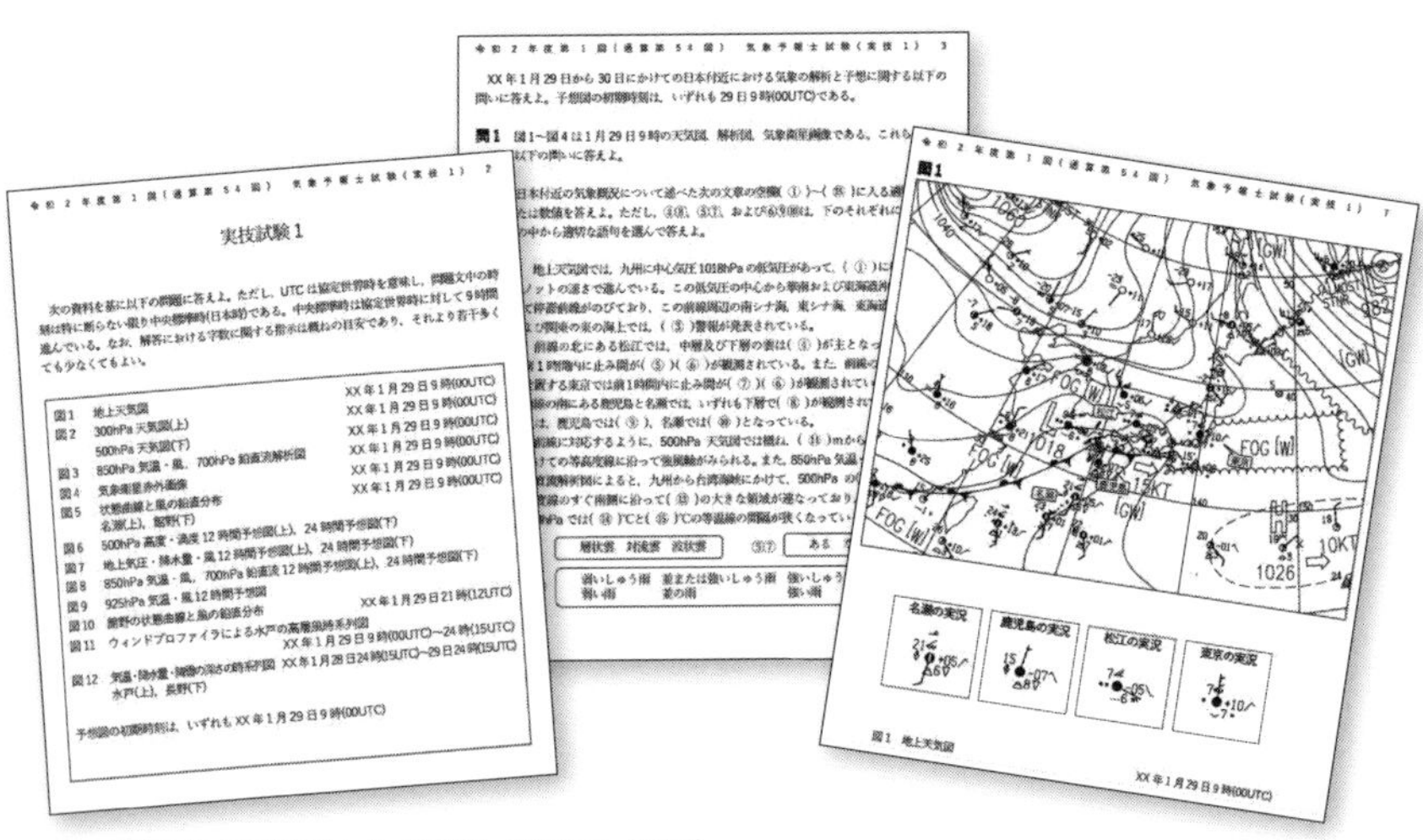

令和2年度第1回（通算第54回）　気象予報士試験（実技1）

実技試験1

次の資料を基に以下の問題に答えよ。ただし、UTCは協定世界時を意味し、問題文中の時刻は特に断らない限り中央標準時(日本時)である。中央標準時は協定世界時に対して9時間進んでいる。なお、解答における字数に関する指示は概ねの目安であり、それより若干多くても少なくてもよい。

図1　地上天気図　XX年1月29日9時(00UTC)
図2　300hPa天気図(上)　XX年1月29日9時(00UTC)
500hPa天気図(下)　XX年1月29日9時(00UTC)
図3　850hPa気温・風、700hPa鉛直流解析図　XX年1月29日9時(00UTC)
図4　気象衛星赤外画像　XX年1月29日9時(00UTC)
図5　状態曲線と風の鉛直分布　XX年1月29日9時(00UTC)
名瀬(上)、館野(下)
図6　500hPa高度・渦度12時間予想図(上)、24時間予想図(下)
図7　地上気圧・降水量・風12時間予想図(上)、24時間予想図(下)
図8　850hPa気温・風、700hPa鉛直流12時間予想図(上)、24時間予想図(下)
図9　925hPa気温・風12時間予想図
図10　館野の状態曲線と風の鉛直分布　XX年1月29日21時(12UTC)
図11　ウィンドプロファイラによる水戸の高層風時系列図
XX年1月29日9時(00UTC)～24時(15UTC)
図12　気温・降水量・積雪の深さの時系列図　XX年1月28日24時(15UTC)～29日24時(15UTC)
水戸(上)、長野(下)

予想図の初期時刻は、いずれもXX年1月29日9時(00UTC)

54回実技1問題（左から表紙、問題文、資料）
［受験当日に私が使った問題用紙］

を決める。このような学習（作業）を繰り返し行った。結果的には、このことが少しずつ合格に必要な力を付けていったのだと考えている。

時間が余る

初めて受験したときは、75分がずいぶん長く感じられた。何をどう答えればよいのかが分からなかったからだ。終了時、解答欄の白紙のスペースがあまりにも多いことに愕然としたものだ。「よし次は頑張ろう」と自分を励ますのが精一杯だった。

時間が足りない

学習が進むと今度は、「時間が足りない」という状態が続く。それは、それぞれの設問で考えている時間が長いからだ。この状態を乗り越える「瞬発力」は簡単には身に付かない。これも前述した訓練を日々重ねることで、ようやく身に付く代物なのだ。

何とか最後までたどり着く

そしてようやく、制限時間内に最終問題まで解答できるようになる。私の場合、この状態になれたのは十一回目の受験からだった。集中して解答を進めていると、75分間はあっという間に経過する。終了の合図で、開放感がわき上がるとともに放心状態になる。爽やかさを感じる一瞬でもある。

並行して学科の復習をすることも必要

学科に合格して免除となり、安心していると「痛い目」に会うことがあるので、要注意である。それは実技の設問で、学科の知識を裏付けとした問題が出題されることが多々あるからだ。学科の勉強から長らく遠ざかっていると、このような問題に正答を記述することが難しい。実技の学習に集中するとはいえ、学科の復習も時に並行して行うことも大切である。

試験会場の独特な雰囲気

年齢制限のない試験なので、小学生と思われる子どもから、思わず歩行の手助けをしたくなるような高齢者まで、幅広い年齢層が会場に集まっている。これは今まで経験した、大学入試や管理職選考試験には無かった光景だ。男女比は三対一くらいだろうか。

指定された席に着き、周りを見渡すと各自思い思いの行動パターンをとっている。表紙がボロボロになった参考書を熱心に読んでいる人。自作と思われる資料を綴ったファイルに目を通している人。落ち着きが無く、会場から出たり入ったりしている人。廊下で知り合いと談笑している人。私はというと、最初の頃は雰囲気にのまれて、周りの人がみんなベテランに見えたものだ。自分を落ち着かせようと、持参した資料に目を通しながら、試験の開始を待っていた。でも、今にして思うと多分全員同じ精神状態だったのだろう。私と同じく、今までに合格できなかったからここにいるわけだ。最後の受験の時には、周りの様子はあまり気にならなくなっていた。

忘れもしない第五十二回(令和元年度第一回)試験。実技二の問一で、十種雲形の略号が出題されたのだ(コラム52頁)。これは初めての出題であった。この時には受験回数も多くなり、慣れていたはずなのだが問題文を読んだ瞬間にミニパニックになってしまった。後は押して知るべし。惨敗に終わった。このようなことは十分予想される。時々、初めての出題ということがある。その時に、いかに冷静さを保つかという訓練も必要なのだ。私は一度深呼吸をしてから、もう一度ゆっくりと本文を読み直す。とにかくまずは気を落ち着かせることだ。

合格に向けた作戦

振り返ると、合格にこぎ着けることができたのは次の三つに集約できると考えている。

① 決して諦めなかったこと

とにかく合格するまでは頑張る。こう自分を鼓舞して取り組んだ。もし、第五十四回試験で不合格だったとしても、五十五回、五十六回と挑戦し続けていたはずだ。「いつか合格できるさ」と自分を信じて。

②受験していることを公表したこと

家族にはもちろん、仕事の同僚にも「受験生」であることを公表した。新しい職場での自己紹介でも「実は現役の受験生です」と必ず公表していた。いつしか、「気象予報士どうなった？」と声を掛けられるようになった。もうこうなったら、やめることはできない。「退路を断つ」ということだ。

③学習に向けた生活パターンを確立したこと

これは前述した通りである。「勉強している状態」が普段通りの姿になっているのである。のめり込んでくると「夢の中でも過去問題演習をしている」状態になることもある。

コラム

高積雲なのに中層雲？（十種雲形のこと）

雲を成因で分類すると、対流雲と層状雲。できる高度で分類すると、上層雲・中層雲・下層雲となる。これを組み合わせて、雲の名称を決めた物が、十種雲形だ。「巻」と付くのが上層雲、「高」と付くのが中層雲なのだ。

一般には、すじ雲（巻雲）・うろこ雲（巻積雲）・うす雲（巻層雲）・ひつじ雲（高積雲）・おぼろ雲（高層雲）・あま雲（乱層雲）・うね雲（層積雲）・きり雲（層雲）・わた雲（積雲）・にゅうどう雲（積乱雲）という言い方の方がなじみ深いだろう。

名称	略号	種類(成因)	種類(高度)	高さ
巻雲	Ci	層状雲	上層雲	5～13Km
巻積雲	Cc			
巻層雲	Cs			
高積雲	Ac		中層雲	2～7Km
高層雲	As			
乱層雲	Ns			
層積雲	Sc		下層雲	地表付近～2Km
層雲	St			
積雲	Cu	対流雲	垂直に発達 (分類上は下層雲)	
積乱雲	Cb			

これはほとんど「病気」といってよいかもしれないが……。この習慣は合格した今でも続いている。この本の執筆も、私の学習時間帯を使って進めている。

合格しての結論「もったいないミス」を十点以内にすること

合否は一点差で決まる。十一回不合格が続いた中で、九〜十一回目の受験の頃には、今でも悔しい思いがよみがえってくる「もったいないミス」が多々あった。過去問題演習を重ね実力が付くと、本番で冷静に取り組むことができれば、およそ八十点は獲得できる状態になっている（どんなに難易度が高くなっても）。だから、「**落ち着いて解答すれば正答できたはずの問題を誤答しないこと**」が、七十点以上という合格基準に達する最大のポイントになってくる。つまりケアレスミスを十点以内に納めるということだ。

たとえば、穴埋め問題ではうっかりすると問題文とのダブりが出てしまう。海上警報の問題では、（　）警報と記されていたり、海上（　）となって

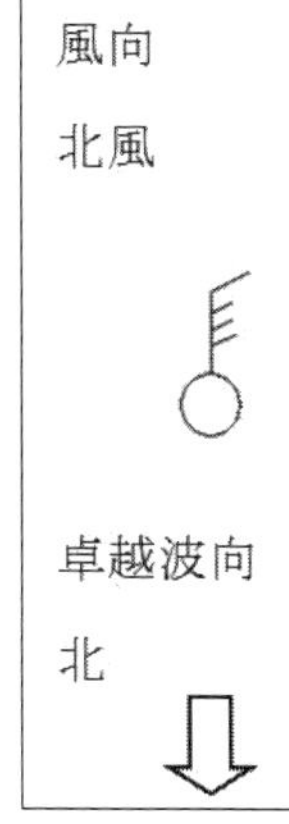

いたりする場合がある。注意深く読んでいればミスは防ぐことができるのだが、時間に追われていると誤答してしまうことがあるのだ。問題文に一度記入すればよいのだが、その時間が惜しい。時間に追われる後半の穴埋め問題には、特に注意が必要である。

風向や卓越波向（その場所で波が主にどちらからやってきているか）も要注意である。同じ方向からのものが、風向と卓越波向とで表記が逆になっているからだ。頭では理解していても、解答する段階での取り違えはよく起こる。これらのケアレスミスを防ぐためには、問題文をよく読むことを、日々の問題演習で徹底することだ。

独学では難しかった

文字通り独学で合格する人はいる。でも私の場合には、次に紹介する二つの手助けが必要であった。

藤田塾

二～三回目の試験会場で偶然目にした藤田塾のパンフレット。そこに記されていたのは、「質問回数・期間は無制限」「合格まで完全サポート」という内容だった。すぐに飛びついた。テキストとＤＶＤで教材が構成されている（最新情報では、インターネット受講のみに集約されたようである）。テキストを読むことと並行して、ＤＶＤを視聴した。国立妙高青少年自然の家までは、車で片道約1時間の通勤時間である。この時間を有効に活用した。音声だけを聞きながら通勤する、というパターンを続けた。

実技対策ではとりわけお世話になった。記述式問題では、微妙に解答例と違うのが普通である。その時には、自分の解答をメール添付で添削の依頼をする。「明け方」の学習で作成した解答を送信し、「夕方」帰宅してメールを開くと、もう返信が届いている。そこには、「適切な解答であると考えます」あるいは「○○の表現は△△の方が適切です」などと添削されている。このようなスピード感のある誠実な藤田塾長のサポートのお陰で、合格することができる力が身に付いたと感謝している。「一点一点を刈り取ることが合格への道だ」。藤田塾長の名言である。また、登録するとほぼ毎日メールで届けられる「気象予報士講座」も、学科の基礎知識を確認するのにとても役立つ。

ちなみに、五十四回の最年長合格者が私であり、最年少合格者の中学生も、藤田塾の塾生であることが分かっている。

めざてんサイト

地方在住の私には、身近に同じく気象予報士を目指している人がいない。もしいたとしても、知るすべはない。この状況の中で、「気象予報士受験者応援団」を謳う「めざてんサイト」には大いに力づけられた。このサイトは、ご自身も何年か前に気象予報士試験に合格された北上大氏が管理者となって開設されている。ボランティアでの開設で、試験内容の解説・受験対策・過去問題のデータ・掲示板などで構成されており、無料で利用することができる。また、登録制の「めざメール56」もとても役に立つ。特に、受験直前にはほぼ毎日配信され、動画も充実している（一部有料）。

特にお世話になったのが掲示板である。ここでは、同好の士が様々な話題で情報交換を行っている。私も時々投稿したが、とても新鮮な内容が多くあり、大いに刺激を受けた。とても感謝している。

コラム

降水確率が50％　さて傘を持参すべきか？

（わかりやすくするため、半日単位で考えている。）

その日は一日中、外出の予定だとする。朝の天気予報の降水確率は、午前・午後ともに50％と言っていた。傘を持つべきか、持たなくともよいか。

降水確率50％というのは、雨が降る・降らないが半々と予想されるということだ。その日の降水に関して予想される状況を、表にすると下のようになる。これから明らかなように、一日を通してみると降水の可能性が四分の三ある。降水確率としては、75％になっている。「一日を通して50％ではない」ことに留意する必要がある。

	降水（○あり、×なし）			
午前	○	○	×	×
午後	○	×	○	×
一日では	○	○	○	×

第3章

いざ出陣！〜第五十四回気象予報士試験〜

コロナ対策　～前日に東京へ～

今回はいつもとは全く違っていた。完全にマスク着用で、75分間問題に向き合う。私は眼鏡を使用しているので、レンズが曇らないような呼吸の仕方にも留意した。家内が用意してくれた、首から提げるコロナ対策の小袋も使用した。東京に移動しての夕食も、外食は避けてコンビニで購入した物で済ませた。今回は午前中の学科が免除になっているので、当日の朝一番の北陸新幹線で向かえば試験開始には間に合う。しかし今までと同様に安全策で前日に東京に向かった。

まずは試験会場の東京大学駒場キャンパスに向かう。初めて経験する試験会場だ。駅を出るとすぐ校門がある。これは便利だ。今までの会場で一番多かった吉祥寺の成蹊大学は、駅からずいぶん長い距離を歩いた。そして、その途中のコンビニで昼食を購入していた。でも今回の昼食は、宿泊予定である高田馬場のビジネスホテル周辺でゲットした方がいいな。などなどと考えながら、下見を終え高田馬場駅に向かう。チェックインの午後3時を待って、ビジネスホテルに入る。早速持参した実技の過去問題演習に取りかかる。今回は、第五十三回の実技一と二を持参した。もう何度もやっている問題なのだが、気合いを入れ直して本番のつもりで取り組んだ。家にいるときと同じ生活のリズムで、明日に備える。

試験当日

コロナ禍で行われた第五十四回試験は、令和二年八月二十三日（日）に実施された。北海道、宮城県、東京都、大阪府、福岡県、沖縄県の全国六カ所が会場となっている。受験希望者は、受験申請をする段階で希望する受験地を選択して記載するシステムになっている。私は一回目から東京会場で受験している。試験会場は毎回変わるが、今回は前日に下見を済ませてある東京大学駒場キャンパスであった。

コロナ禍ならではのいつもとの違い

所々にいるスタッフの誘導に従って進むと、まずは「検温」のコーナーがある。無事受験票に「検印」を押してもらい指定された教室に向かう。入室していつもの雰囲気とずいぶん違うことに気付く。いつもなら三人を配置する大きさの机だが、今回は二人での使用になっている。また、前後左右が空席になるように配置されている。「密」を避ける工夫がなされているのだ。

自席の準備　環境を整えるルーティン

自分が使用可能なスペースの右端と上端に、「自在定規」をセロテープで固定する。これはたくさん使用する筆記用具が、机からこぼれ落ちないようにするためだ。次に、受験番号のカードが置かれた下のスペースに、受験票をセロテープで固定する。これも受験票が机から落ちないようにするためだ。これは、「めざてんサイト」で紹介されていたアイデアである。そしておもむろに筆記用具を並べる。普段の学習の際いろいろと配置を試し、「これだ！」という状態を決めた。使い終わったら、必ずまた定位置に戻すことも意識した。実技に使う筆記用具は、あまり多くない方が良いとする人もいるが、私は「結構たくさん使用する派」である。シャープペンシル二本（B、０．７ミリメートル）、フリクションカラーペン（暖色、寒色各四本、それぞれ転がり落ちないようにビニールテープで固定する）、定規二本、三角定規一組、ボールペン二本（四色、０．７ミリメートルと０．２８ミリメートル。細い方は、グラフを読み取る時に使用する）、消しゴム二

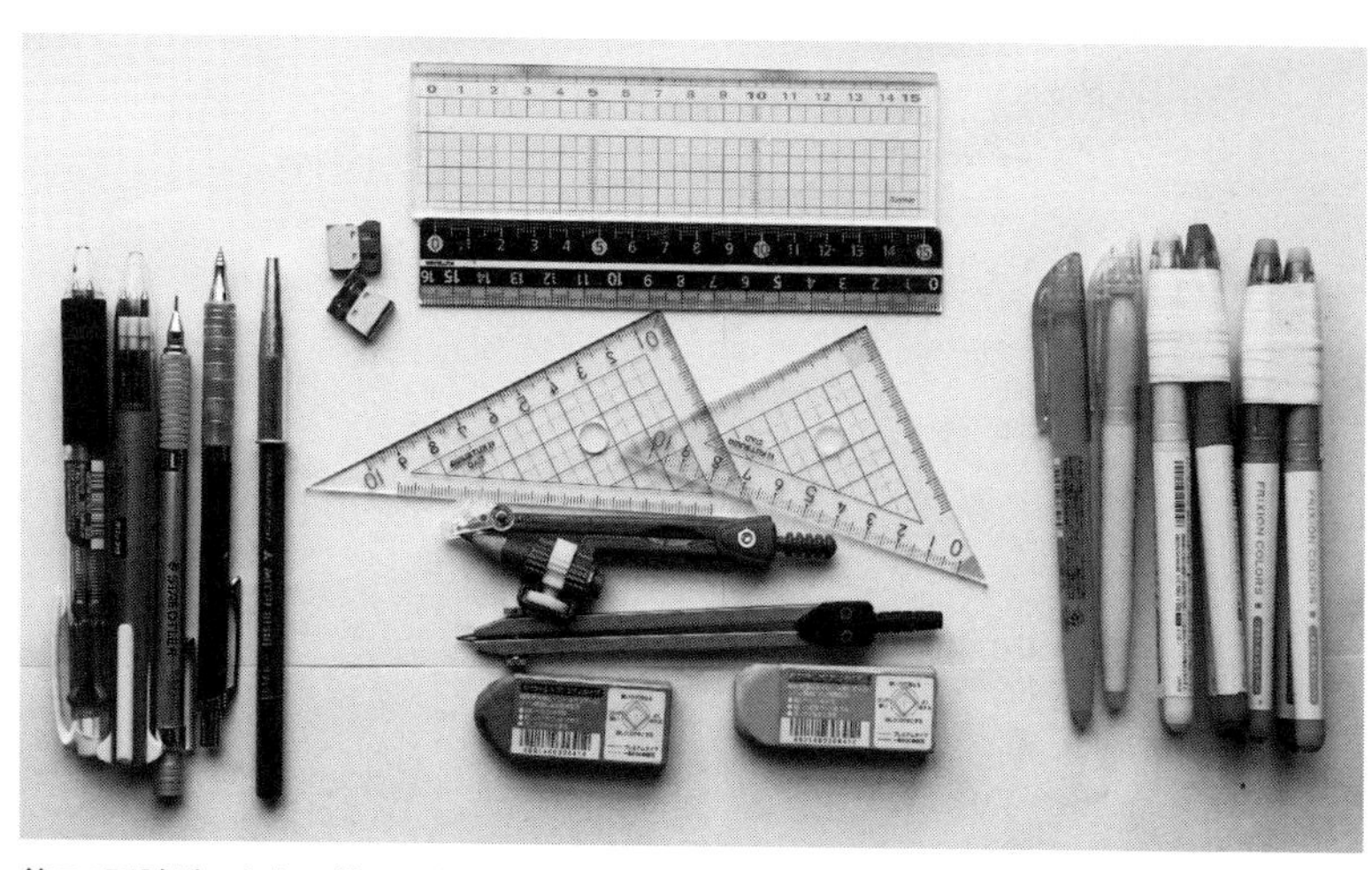

第54回試験でともに戦った筆記用具

個、ペーパークリップ二個、鉛筆二本(B、作図に使用する)、フリクションマーカー二色(問題文の注意すべき所に塗る)、コンパス、ディバイダー。

ここまでの準備をして会場を見回す。そして、勉強の際作成した「直前チェックノート」に目を通しながら開始を待つ。これは、頻出の天気記号・海上警報・十種雲形の記号・主な半島や岬の名前と位置などをまとめたものだ。ただ眺めているだけで安心感がわいてくる。

「実技」開始直後の異様さ

「始めてください」の声で、一斉に格闘が始まる。会場に鳴り響く「ビリビリ」音。これはいったい何の音だ？ 解答用紙は別の冊子になっているが、問題文は問題と資料とが綴じられた冊子になっている。資料にはミシン目が入っており、無理なく切り離すことができる。ビリビリ音は、資料を切り離す音だったのだ。最初受験したときは、「そうか、まずは資料を切り離すんだな」と雰囲気につられて、私も切り離していた。持参可能な物に「クリップ」と記載されているのは、切り離した資料がバラバラにならないようにするためだったのか、とようやく気付く。

いろいろ試してたどり着いた私のやり方は、問題文と資料のうち「天気の概況が示された図一」だけを切り離す方法だ。これだと10秒以内で終わるし、枚数の多い資料が行方不明になってしまうハプニングを防ぐことができる。慣れてしまえば、自分流のやり方で全く問題はない。

ビリビリ音が続く中で、まずは問題文を通読する。解答用紙と見比べながら、穴埋めの注意点や作図問題のチェックをする。特に、最後の問題には注意が必要だ。終了時間が迫り、あと10

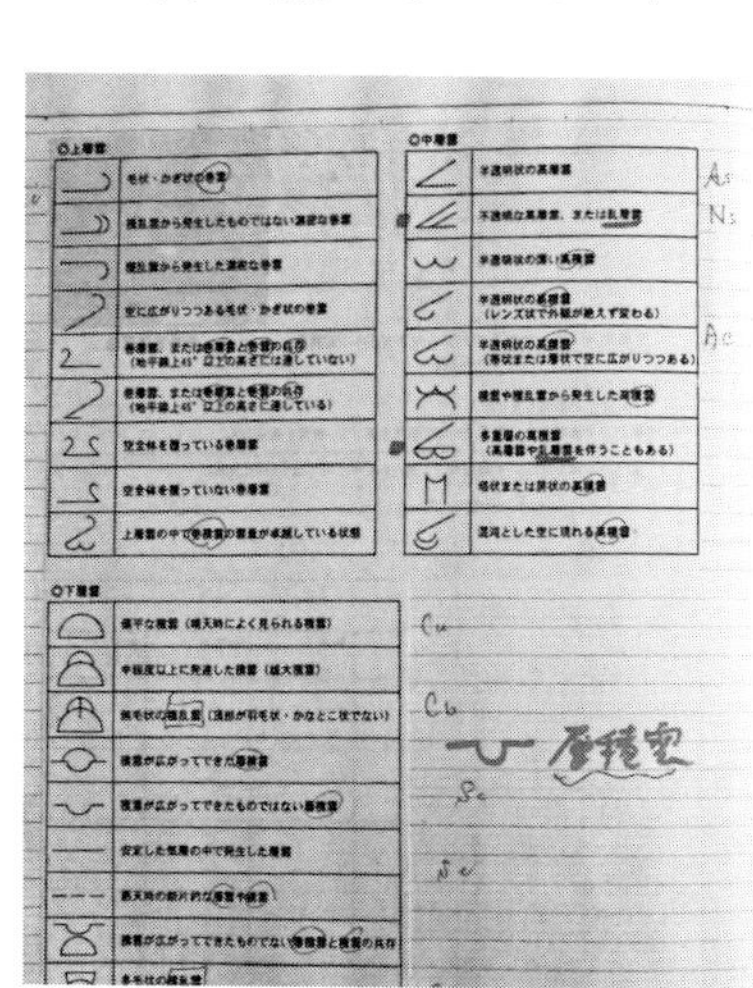

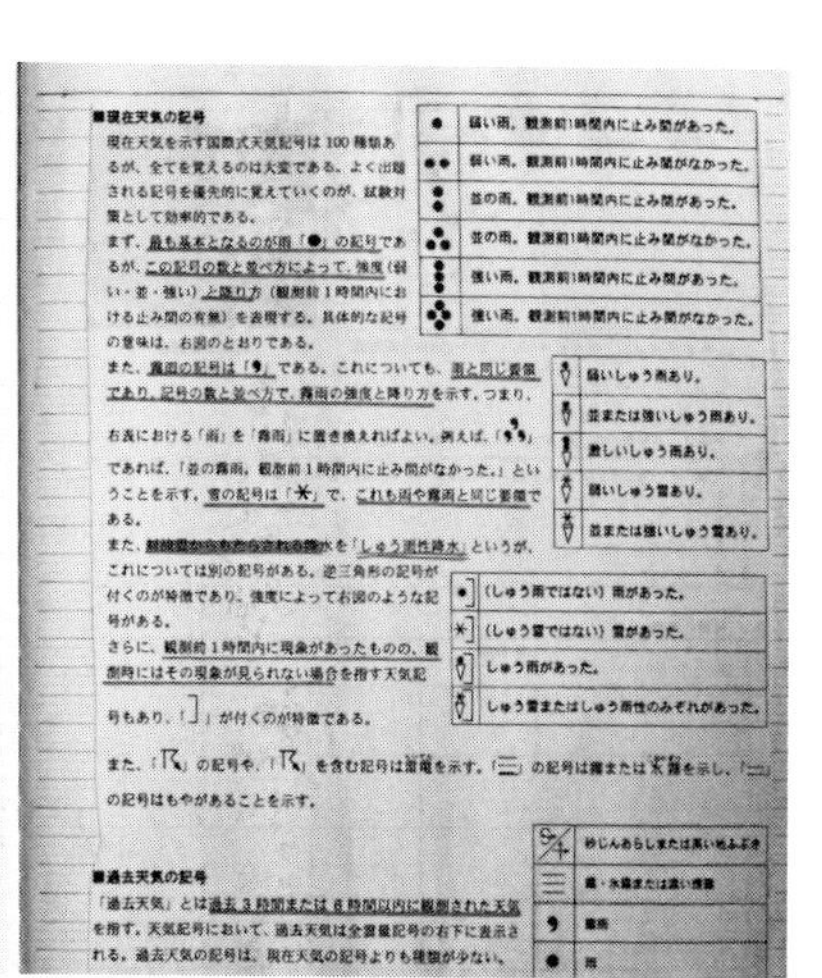

直前チェックノート

コラム

緯度と経度

「実技」では低気圧の中心位置に関して、その緯度・経度を問う出題が頻出である。時間に追われる本番では、定規で測り計算して……などと丁寧にしてはいられない。日々の過去問題演習で「場数を踏んでいる」必要がある。実際に出題される資料には、緯度・経度とも10度ごとに線が引かれている。任意の線分を、目測で六対四とか七対三などに区切ることができる訓練をする必要がある。ある程度訓練すると、おおよそ正確に区分できるようになる。

また、日本列島の緯度・経度のポイントとなる地点を覚えておくことも役に立つ。たとえば、秋田市の緯度・経度はおよそ北緯40度、東経１４０度である。このように、何カ所かのおよその緯度・経度が頭に入っていると、効率よく解答することができるようになる。

分となった時に、最後のあがきが合否を決めることもある。というのは、最終問題が穴埋めや比較的容易な作図問題といったサービス問題であることがよくあるからだ。第五十四回の実技二はその典型であった。なんと発表された解答例では、二十点の配点であった。

ビリビリ音が治まると、会場で聞こえるのは資料をめくる音と鉛筆を走らせる音だけになる。今回は何とか時間内に最終問題に取り組むことができた。実技一と二の間に設定されている休憩時間には、実技一のことはいったん忘れ「チェックノート」に目を通しながら実技二の開始を待つ。

ようやく試験が終わる。今回は合格した学科試験は免除されたため実技のみの受験であったが、それでも終了直後は放心状態になる。それだけ集中力を必要とする試験なのだ。忘れ物に注意し、消しゴムのかすを片付けてから会場を後にする。18時台の新幹線に乗るために、東京駅に向かう。

二週間の自主隔離

新潟県で生活している者にとって、あの当時（二〇二〇年夏）の首都圏に近づくのはかなりの勇気を必要とした。また、帰省してからの過ごし方にも、周囲への気遣いが求められた。具体的には二週間をめどに、上越市内の温泉付ビジネスホテルで自主隔離生活を送った。

今振り返ると、この二週間は実に有意義な時間だったと感じている。というのは、受験直後のまだ「どのように解答したか」の記憶が鮮明に残っている段階で、たっぷりと振り返る時間が取れたからだ。実技一、二の解答を復元した。それも二回行った。こんなことは今までにしたことはなかった。この期間中に、気象業務支援センターから解答例の発表があり、自己採点をした。実技一、二ともに七十点以上の結果であった。今回はひょっとしたら合格できたかな？　と少しだけ喜んではみたものの、記述問題に関しては解答例との微妙な違いも多々あり、正式な合格発表までは「五分五分かな」

というのが正直な気持ちであった。

発表当日

試験からおよそ六週間後の十月二日（金）の午前10時に合格発表があった。どきどきしながらその時を待つ。発表は気象業務支援センターのホームページに掲載される。Ａ４版五枚の「報道参考資料」である。五枚目に合格者の受験番号が掲載されているのは分かっているが、いきなり見る勇気はない。

まずは一枚目。申請者数三千五百八十三名、受験者数二千八百四十八名、コロナ禍で受験を自粛した人がずいぶん多かったんだな。合格者数百六十六名、今回も５～６％だね。

二枚目。東京会場での合格者百一名、六十歳以上が三名。この中に入っているといいな。全国最年長六十九歳。これはひょっとして……。最年少十四歳。いつも授業で相手にしている中学生の世代だね。合格率は５．８％。前回と同じだったね。

三枚目、都道府県別の合格者数一覧。新潟県四名のうち東京会場男性二名。まだまだ可能性があるぞ。ここで新潟県0名だと、もう夢は断たれる。

四枚目、今回の合格基準。学科試験正解十五問中十一問以上(一般・専門とも)。実技総得点が満点の70%以上。やはり70%より下がらなかったか……。

五枚目、そしていよいよ合格者受験番号。私の受験番号は、330042だ。

東京会場、300030　300044　300131。

毎回こんな具合である。百人で平均五~六名の合格なのだから。

二行目三行目へと目を進める。……330012　330014……330040

330042

あった！　合格した！　ついに悲願達成できた！

しかし、ホームページでの結果発表の他に、気象業務支援センターから結果の知らせがハガキで届くことになっている。そのハガキを見るまではまだ安心はできない。夕方帰宅するとそれが到着していた。間違いなく「合格証明書」となっていた。さらに、前述した藤田塾長からのお祝いメールが届いており、喜びが倍増した。

結果的には、全国で六十歳以上が七名、しかも最年長合格者というおまけ付であった。連続十一回の不合格では、さほど大きなショックはなかった。今回もダメだったか。よし、次回に向けて頑張るぞ。それと比べて合格の喜び、感動はすごかった。諦めないで続けてきて良かった。心底そう思った。

ＢＫＹ70の実現

ついに卵が孵化して、新人気象予報士が誕生した。ＢＫＹ70（七十歳にしてＢｅｇｉｎｎｅｒ ｏｆ Ｋｉｓｙｏｕ Ｙｏｈｏｕｓｈｉ）が実現した。合格発

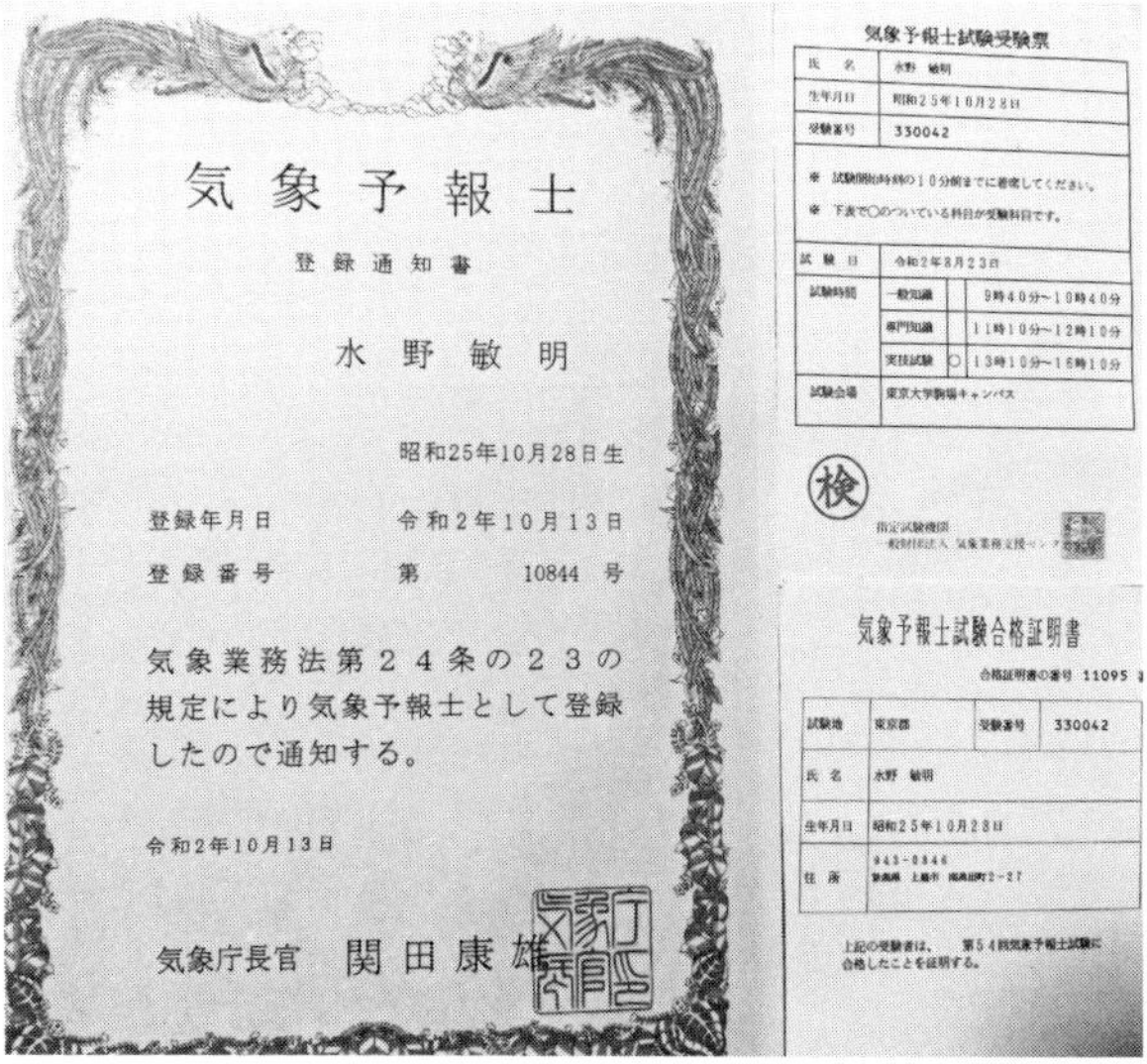

気象予報士

登録通知書

水野敏明

昭和25年10月28日生

登録年月日　令和２年１０月１３日

登録番号　第　10844　号

気象業務法第２４条の２３の規定により気象予報士として登録したので通知する。

令和２年10月13日

気象庁長官　関田康雄

気象予報士試験受験票

氏名	水野 敏明	
生年月日	昭和２５年１０月２８日	
受験番号	330042	

※ 試験開始時刻の１０分前までに着席してください。

※ 下表で○のついている科目が受験科目です。

試験日	令和２年８月２３日		
試験時間	一般知識		９時４０分～１０時４０分
	専門知識		１１時１０分～１２時１０分
	実技試験	○	１３時１０分～１６時１０分
試験会場	東京大学駒場キャンパス		

㊙検

指定試験機関

一般財団法人 気象業務支援センター

気象予報士試験合格証明書

合格証明書の番号 11095

試験地	東京都	受験番号	330042
氏名	水野 敏明		
生年月日	昭和２５年１０月２８日		
住所	[illegible] [illegible]２－２７		

上記の受験者は、　第５４回気象予報士試験に合格したことを証明する。

登録通知書（左）、受験票（右上）、合格証明書（右下）

表は誕生日の前だったので、六十歳代のうちに、というささやかな目標は達成することができた。

もがいてもがいて、ようやくこぎ着けた「合格」。力の定着と本番での力の発揮。これがそろって、ようやく合格できると思う。

今回第五十四回試験に合格し、法令に従って手続きを進めた。まず、気象庁長官に「登録申請書」を送付したところ、およそ二週間で「気象予報士登録通知書」が送られてきた。これで正式に気象予報士になれたのである。ちなみに、登録番号は第１０８４４号である。平成六年に第一回試験が行われて以来、一万八百人余りの気象予報士が誕生していることになる。

コラム

受験番号と合格率

私の第五十四回試験での受験番号は３３０４２であった。この受験番号は次のように決められている。一桁目は受験地を示している。1：北海道、2：宮城県、3：東京都、4：大阪府、5：福岡県、6：沖縄県となっている。二桁目は免除の有無を示している（32頁）。0：免除無し、1：専門免除、2：一般免除、3：学科免除となっている。続く4つの数字が受験者の個人番号となる。めざてんサイト（56頁）の運営者である北上大氏が興味深いデータを示している。「学科免除の合格率がやっぱり高い」というコメントで、第四十五回試験の結果を基に、次のような合格率の値を紹介している。「免除の有無ごとのおよその合格率は、免除無し1％・1学科免除8％・学科免除20％となっている」。これは、免除があるということは、「少しずつ合格に近づいている」と捉えることができるので、納得できるデータである。毎回、ほぼ同じ傾向なのだろう。合格率が5～6％というのは、全受験者を平均しての数字なのだ。合格率にはこのような秘密がある。

第４章

これからの目標

資格を生かす

当初の目標は「合格すること」であった。学習が進み学科に合格するようになった頃から、「合格し気象予報士になったらそれを生かす活動がしたい」と考えるようになった。まだ合格できていないのに、生意気にも次の目標を設定し始めていたのだ。しかしそれは、「合格したい」という思いをより強くしてくれたので、決して悪いことではなかったと振り返っている。

今の力を維持する

気象予報士は一度登録されると、そのまま一生気象予報士であり続ける。教員免許や運転免許のように、何年かごとに更新が必要ということはない。また、研修の義務があるわけでもない。しかし、合格したからといって、何もしなければどんどん身に付いた力は失われていく。

コラム

星空の撮影と雲の撮影（口絵①〜⑤、⑧〜⑩の補足）

星空の撮影と雲の撮影を「撮影可能日」で比較すると、圧倒的に雲の撮影可能日に軍配が上がる。雲の撮影は24時間、３６５日可能だ。それに対して、雲がほとんど無くかつ上空の透明度が高い日は非常に少ないので、星空の撮影に適した日は限られてくる。このような理由で、天体写真撮影の愛好家は、天気の変化に対して敏感である。自分なりの方法で、数種類の資料をもとに、狙った天体現象が起きる日の夜の撮影条件を探っている。

条件に恵まれさえすれば、天体写真は「狙って」撮れる。逆に、雲の撮影の難しさは、「狙って撮れるものではない」ということだ。このような雲の写真が撮りたい。こうした目標は持つ必要がある。しかし、それがいつ現れるかは予想しにくいので、常にカメラを持ち歩き、チャンスを狙い続けることが大切なのだ。③は狙っていて、ようやく撮れたものだ。①・④・⑤も狙って撮った。②は彗星を狙った写真に、流星が偶然入ったものだ。

ペーパー気象予報士にならない

予報技術は日々進化している。また、気象庁から発表される、予報の内容や方法も改善が重ねられている。これに対応していくためには、常にアンテナの感度を良くして新しい情報をキャッチすると共に、それを理解する努力が欠かせない。具体的には、最新の予報士試験にも合格できるだけの力を維持することだ。そのために、気象予報士を目指していた時の学習を続けるだけではダメだ。「目指して」の学習は、試験に合格することに特化したもので、「発信力」の強化にはなっていないからだ。積極的に「天気教室」のような活動をし、その実践の内容や方法の改善を模索することで、力を維持しさらに伸ばすことができると考えている。

天気教室

三十六年間の教師経験から、人前で話をすることは不得手ではない。私は、人に話を

郵便はがき

101-0054

63円切手を
お貼りください

東京都千代田区神田神保町3-4-29
九段下SSTビル2F
有限会社ザ・ロード・カンパニー　行

フリガナ お名前	
性別　男・女	年齢　10代　20代　30代　40代　50代　60代　70代　80代以上
ご住所　〒 （TEL.　　　　）	
ご職業　1.会社員・公務員・団体職員　2.会社役員　3.アルバイト・パート 4.農工商自営業　5.自由業　6.主婦　7.学生　8.無職 9.その他（　　　　）	
・定期購読新聞 ・よく読む雑誌	
読みたい本の著者やテーマがありましたら、お書きください	

書名　元校長が、69歳で気象予報士になっちゃった

このたびはザ・ロード・カンパニーの出版物をお買い求めいただき、ありがとうございました。今後の参考にするために以下の質問にお答えいただければ幸いです。抽選で図書券をさしあげます。

●本書を何でお知りになりましたか？

□紹介記事や書評を読んで・・・新聞・雑誌・インターネット

媒体名（　　　　　　　　　　　　　　　）

□宣伝を見て・・・新聞・雑誌・その他（　　　　　　　　　）

媒体名（　　　　　　　　　　　　　　　）

□知人からのすすめで　□店頭で見て

□インターネットなどの書籍検索を通じて

●お買い求めの動機をおきかせください

□著者の経歴に興味をもったから　□作品のジャンルに興味がある

□装丁がよかった　□タイトルがよかった

その他（　　　　　　　　　　　　　　　）

●購入書店名

＿＿＿＿＿＿＿＿＿＿＿＿＿＿＿＿

●ご意見・ご感想がありましたらお聞かせください

（ご回答いただいたご意見・ご感想は広告等で使用させていただく場合があります。）

するときのポイントを次のように考えている。これは、日々の授業の実践から得た内容である。

①　事前準備は入念に行うが、用意した「シナリオ通り」には必ずしもこだわらない。聞き手の反応によっては、その場で修正しながら進めることも大切である。

②　可能な限り、事前に相手のニーズを把握する。

③　一方的に話し続けることは極力避け、可能な範囲で聞き手との「対話」を試みる。

④　時間の使い方を、「話す」「対話する」「実験を組み込む」などの変化をつけたものにする。

⑤　自分が聞いていて面白い、楽しいと思えるか、ということを常に意識する。

今後は、子ども・大人・様々な年齢層の集団を対象とした、「天気教室」を実施したい。そこでは、「天気の変化」を中心テーマとして、様々な角度から具体的な内容を構成しようと考えている。

・テレビの天気予報を今までと違った見方で視聴できるようになる。

・自分も明日の天気を予想することができるようになる。

・「天気の変化」を引き起こす原因を知ることができるようになる。

以上のような「サブテーマ」で、いくつかのコースを準備する。事前の準備として、アンケートをとって、まずはどのような希望があるかを把握する。基本的には、そのニーズに応える形で当日のシナリオを考える。時間は依頼主の要望を優先するが、60分から90分くらいと考えている。「雲の発生」「熱気球」「雪の結晶」などのミニ実験を組み込むと、より興味をひき理解が深ま

［城東中学校］2年生を対象とした天気教室

る手助けになると思う。いろいろと構想を練っているところである。

今までの実践と今後の予定は次の通りである。

実践1　二年生への天気教室

勤務している城東中学校で全ての二年生を対象として天気教室を行った。「天気の変化の興味深さ」と題した約40分間の講話形式で、内容は気象予報士に関してと、直前の豪雪を取り上げた。

実践2　上越高田ライオンズクラブでの講話

実践3　国立妙高青少年自然の家、指導者

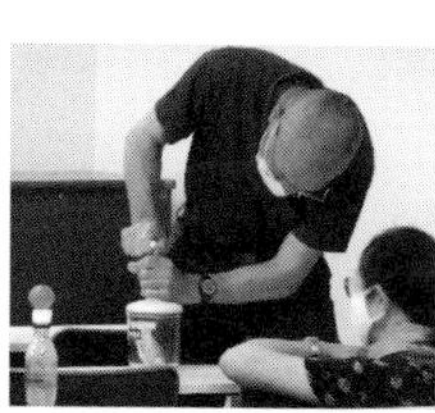

［ミニ実験］
ペットボトルで雲を作る

［講話］雲の出来方

会での講話

実践4　上越市公民館の講座（全三回）

一回目の「天気教室」を令和三年六月十五日に行った。2時間の時間設定で、ミニ実験も組み込むことができた。「雲の発生」を中心テーマとした。勤務する上越市立城東中学校のグラウンドで撮影した積雲の写真を冒頭で提示し、「なぜ雲底（雲の底）の高さがほぼ揃っているのか？」と疑問を投げかけた。ミニ実験は「ペットボトルで雲を作る」、「気圧が下がると気温が下がる」の二つ行った。次回は「空気」をテーマにする予定である。

気象予報士会のこと

試験会場で、気象予報士会のパンフレットが配られていた。「合格できたら入会させていただきます」と声をかけ、それを受け取った。「登録通知書」が届いた翌日に入会申し込みをしたところ、何週間か後に会員証が送られてきた。正式に気象予報士会の会員になったのだ。

私は新潟支部に所属したが、早速令和二年十二月五日に開催された支部例会に参加した。そこで「新人気象予報士です」と自己紹介する新鮮さを経験し、合格できた喜びを改めて感じることができた。各支部・パソコン活用研究会・写真同好会・防災などなど様々なメーリングリストがあり、毎日のように各支部例会の開催案内や開催報告、グループの活動報告のメールが届くようになった。また、「天気教室」実施報告のメールもあり、これから実施したいと構想を練っている私にとって、とても有益な情報を得ることができるようになった。

第5章 教師に求めたいこと

「何の役に立つの?」という子どもの疑問に答えよう

子どもは正直で鋭い。「何で理科の勉強をするの?」とストレートに疑問をぶつけてくる。自分が担当する教科について、このような質問を投げられた時に、即答できるようになっていましょう。

私は「理科を勉強するのは、騙(だま)されない人間になるためだよ」と答えるようにしている。世の中には、「怪しげな」ことを吹聴している人がいる。特に、テレビショッピングでよく耳にする。たとえば「マイナスイオン効果」などといった表現が、健康関連の製品や電気製品の宣伝で使われている。話術のプロが語ると、つい引き込まれて「これは良い、買わなければ」となるようだ。この論調には、マイナスイオンがなぜ健康に良いのかという説明がなされていない。また、マイナスイオンがあれば、当然プラスイオンも同時にある。という視点が欠けているのだ。一種の催眠術ともいえる。このことは、中学校三年で学習する「イオン」についての基礎知識があれば、「これは変だぞ」と気付くはずだ。

コラム

警報は七つ

気象庁は警報や注意報を発表する。警報とは、「重大な災害の起こるおそれのある旨を警告して行う予報をいう」と気象業務法で定義されている。また、気象注意報として、気象業務法施行令第四条に「風雨、風雪、強風、大雨、大雪等によって災害が起こるおそれがある場合に、その旨を注意して行う予報」と定義されている。

警報は、大雨・大雪・暴風・暴風雪・洪水・波浪・高潮の七種類ある。また注意報は、大雨・大雪・強風・雷など十六種類ある。さらに、警報のうち洪水を除く六種類には、特別警報もある。それぞれの発表基準は地域ごとに定められている。「大大暴暴洪波高」。これは「めざてんサイト」（56頁）で紹介されている、警報名の覚え方である。実技試験で、警報名・注意報名を問う出題が時々ある。

教材にこだわろう

積極的に自作の教材を開発しましょう。教材は授業の中核となるものだ。生徒に何を学ばせたいのか。学習効果を高めるためには、どのような教材が必要か。既存のものが不十分であれば、自作する必要がある。理科センター時代に次の実践をした。

気象衛星画像のうち、可視画像を見続けていて気付いた。一年分を動画にすると季節によって昼と夜の長さが違うことが視覚化でき、その理由が分かりやすく説明できるではないか。

次に示す写真は、春分・夏至・秋分・冬至の頃の気象衛星画像である(全球可視画像)。全て気象庁のホームページからダウンロードしたもので、日付は各画像の下に示してある。時刻は全て午前6時である(口絵にカラー写真を掲載した)。この画像は赤道上空約35800キロメートル上空から、スーパーマンが地球を見下ろしている。このようにイメージしていただくとよい。これは「ひまわり8号」によるもので、日本は真ん中よりも少し上（北）に位置している。黒く写っている場所が夜であり、明るい場所が昼である。気象庁のホームページには、「夜間は太陽光の反射がないことから雲は可視画像に写りません」と記載されている。しかし「昼と夜の場所を識別することができる」と捉えることで、本来の使い方ではない、「裏技的な」活用をすることが可能になるのだ。この四枚の図を比較すると、春分（三月）と秋分（九月）では昼と夜の長さが同じである。夏至（六月）では北半球が、冬至（十二月）では南半球が昼の長さが長い。これらのことを読み取ることができる。

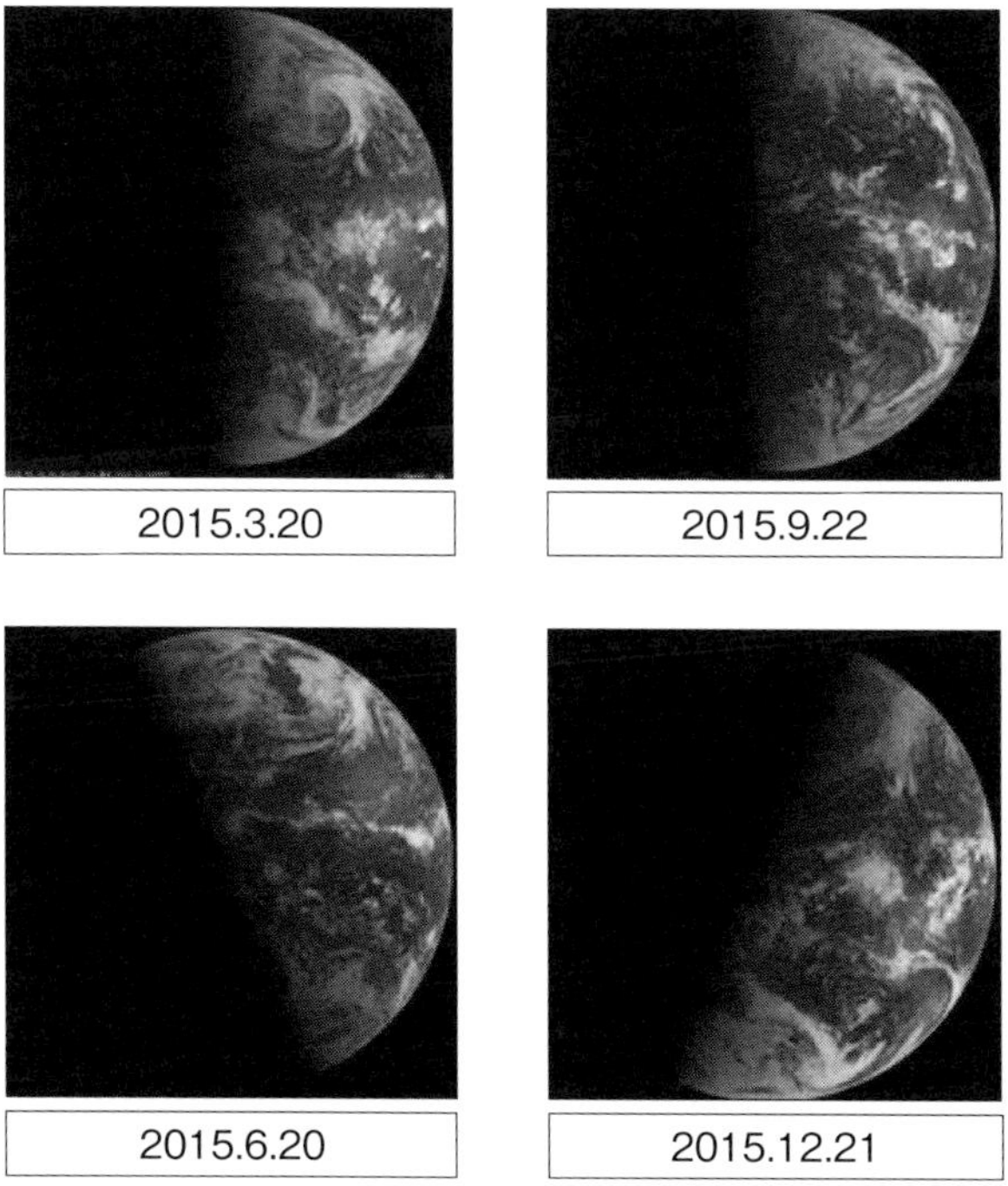

2015.9.22	2015.3.20
2015.12.21	2015.6.20

春分（左上）夏至（左下）秋分（右上）冬至（右下）の全球可視画像

この気象衛星画像という教材は、季節によって昼と夜の長さが変わるという生活体験を、視覚化することができるのだ。さらに、「なぜ」という疑問を持ち、地軸（自転軸）の傾きという原因に結びつけた考察をするための、効果的な教材ともなっている。私は、この画像を一年間ダウンロードし続けた。そして、6時、12時、18時、24時それぞれの一年分を動画にした。6時と18時の動画は一年間で昼と夜の長さが変化していく様子がはっきりと確認できる。24時の動画は極域での白夜と極夜の移り変わりの様子が確認できる。

すべての可視画像を見ていると、太平洋上に白く写っている部分が移動している様子が確認できる。これは太陽光が穏やかな海面で反射しているものである。最近、気象予報士会のメーリングリストでの情報で、サングリントと呼んでいることが分かった。

知的好奇心を刺激すること。これが教材の価値を高める重要な要素である。

なお本項で紹介した内容は、地元の教師を中心に組織されている上越科学技術教育

研究会の研究論文集「科学上越」に投稿した。（気象衛星画像「ひまわり8号」の裏技的活用　科学上越　第32号　２０１６）

子どもに学び続けている姿を見せよう

子どもは「勉強せよ」と親や教師に言われたから勉強をするものではない。それは、我が身を振り返ればはっきりする。「今、勉強しようとしていたのに」と言った覚えが、誰しもあるのではないだろうか。①知的好奇心を刺激し、②勉強する楽しさを実感させ、③じっと我慢して（信じて）待つ。これらが、自主的に勉強に向かう姿勢を育てる秘訣だと思う。

その前提として、親や教師は何歳になっても学び続けている姿を子どもに見せたいものだ。

第6章

若者たち、シルバー世代へのメッセージ

若者に伝えたいこと

若者の特権は何か。嫌なものはストレートに嫌と言ったり、反抗的な態度をとったりする「素直さ」。失敗を恐れずに突き進むことができる「一途さ」。年を取るにつれ、周りに少しずつ気を遣うようになり、「まろやかに」なっていく。それは決して悪いことではないのだが、若者ならではの特性(若者らしさ)をいつまでも持ち続けることも大切だ。

夢をふくらまそう

真剣に自分の将来を考えよう。十代は自分の将来を思い描き、思い切り夢を広げる時期だ。「夢」は活力ある生活を送る原動力となる。はっきりとした夢があるから、その実現に向けて行動することができる。

夢はかなう

「夢がかなうまでは諦めない」という強い意志を持ってほしい。そうすれば、夢は必ず実現する。よく「夢はかなえるもの」と言われるのは、このことを言っている。自分のことは自分が一番良く分かる。まだやれることはあったのか、それともやり尽くすことができたのか。それを決めるのは、結果ではなく本人の思いだ。

私は気象予報士を目指すことに関して、考えられることは全てやり尽くした。七十年の人生で一番勉強したと断言できる。満足感に満ちている。

常にプラス思考で

雨が降り出したとする。この時、「濡れるので嫌だな」と捉えるか、「ちりが無くなって空気がきれいになるな」と捉えるか。私は何事にも後者のような捉え方をするようにしている。気象予報士試験でもそうだった。不合格がはっきりした時、私は「もう一度挑戦の機会が与えられたのだ」と捉えることにした。ずっとめげていて力が付くのなら、24時間ずっとめげているよ。めげている暇があったら、一問でも多く過去問題を解いた方がいいよ。

何事にも、このようにプラス思考で向かうと毎日が楽しくなる。

こだわりと柔軟性

イチローが、打席に入る前のルーティンや普段の食事などで「自分流」を貫いたのは有名な話だ。私たちも少しは見習いたいものだ。あることについて話題になったとき、「自分はこうしている」、あるいは「自分はこう考えている」と自分流を説明できるようになりたい。ただ、我々凡人は「こだわること」にこだわり過ぎてはいけない。他人のやり方にも目を向け、その良さに気付いたなら、積極的に取り入れる柔軟性も併せて持っていたい。謙虚さと言い換えても良いだろう。

行動はまねできる

「あの人はすごい」と思う人がいたとする。できればあの人のようになりたい、と考えるかもしれない。そんな時はその人の行動をじっくりと観察しよう。人格をまねすることはできないが、行動をまねすることはできるのだ。そうすることで、その人に少しは近づけるかもしれない。

学び続けよう

何でも良いので、興味を持てることにとことんのめり込もう。極端に言うと、24時間そのことに関心を持とう。そのような経験を重ねて欲しい。少しずつ自分が変わっていくのが分かるはずだ。

シルバー世代へのメッセージ

いつまでも若々しくいよう。戸籍上の年齢は確実に増えていく。でも、気持ちの若さ・行動の若さ・姿勢の若さは持ち続けたい。

気持ちの若さは好奇心に裏打ちされる。まだまだ成長したいという意欲の表れである。死ぬまで現役であり続けたい。

私は、「明日でもできることは、今日はしない」をモットーにして生きてきた。もっと言うと「今日は、今日しかできないことをする」を意識した行動をとってきた。これからも続ける。

私は、背骨を伸ばし、胸を張って歩くことを常に心掛けている。静止しているときは、頭を上に引き上げるように意識している。

自分の行動で、二十一世紀を支える若者たちを応援しよう。

コラム

会心の一枚

私は教材開発を主な目的として、天体写真や雲の写真撮影をしている。今までの作品の中で、会心の一枚は？　と聞かれたら、皆既月食の写真を挙げる。これは、「開業間近な北陸新幹線・上越妙高駅上空での皆既月食」というテーマで撮影ポイントを探し、狙い通りの作品に仕上げることができたものだ。まずは天気に恵まれた。ほんの少しだけ雲があったけれども、撮影時間中（およそ4時間程度）とても良い条件が続いた。撮影ポイントを決めるために、約一週間上越妙高駅に通った。天体シミュレーションソフトで、当日の月食が起こる方角と高度を確認し、駅舎の真上で皆既月食が撮影できるポイントを探した。結果は口絵①に掲載した作品を見ていただきたい。私は自慢するのが嫌いなのだが、これだけは自慢の作品だ。雲に関しても会心の一枚を撮影したいと構想を巡らしている。

第7章

気象予報士試験で出題される内容

合格するために必要な力は、過去問題演習に徹底的に取り組むことで培われる。ただし、過去問題演習を効果的に進めるための前提となるのが、各分野における基礎知識である。

ここで試験内容に関する、気象業務支援センター発表の記載に沿って六年間の学習で学んだことをまとめたいと思う。これは、気象予報士試験に興味を持ち、どのようなことが出題されるか知りたい方に向けたエッセンス集と捉えていただきたい。本格的に受験を目指す方にとっては、全く不十分な内容であることは承知している。優れた参考書が多数出版されているので、使いやすそうなものを購入し、活用されることをお薦めする。

学科については、それぞれの分野の概要について紹介した。併せて出題の頻度についても触れた。実技については、過去五年間で出題された資料の一覧表を作成した。そのうち、出題頻度の高い資料について、それぞれの特徴をまとめた。

試験科目と試験の方法（試験案内より：気象業務支援センター）

●**学科試験**：マークシートによる多肢選択式

1　予報業務に関する一般知識

大気の構造、大気の熱力学、降水過程、大気における放射、大気の力学、気象現象、気候の変動、気象業務法その他の気象業務に関する法規

2　予報業務に関する専門知識

観測の成果の利用、数値予報、短期予報・中期予報、長期予報、局地予報、短時間予報、気象災害、予想の精度の評価、気象の予想の応用

●**実技試験**：記述式

1　気象概況及びその変動の把握

2　局地的な気象の予報

3　台風等緊急時における対応

【学科試験】

1　予報業務に関する一般知識

内容は多岐にわたるが、必ず毎回複数問出題されるのは、大気の熱力学・大気の力学・法規の三分野である。合格するためには、この三分野を攻略する必要がある。特に法規は、毎回四問出題される形式が定着している。

(1)大気の構造　「天気の変化」の土俵

大気の層の構成とそれぞれの主な性質がテーマである。

・登山で標高が高くなるにつれ、気温が下がる。

・おやつに持っていった「ポテトチップス」の袋が、山頂で膨らんでいる。これは気圧が下がっていることを表している。

このような現象を経験している人は多いだろう。大気の構造は図1のようになっている。横軸は温度(絶対温度　K＝ケルビン)、縦軸は高度(キロメートル)であり、グラフは高度による温度分布を示している。

大気は地表から上空に向かって、対流圏・成層圏・中間圏・熱圏の四つの層に区分されている。天気の変化が起こっているのは、主に対流圏と呼ばれる、地表から10キロメートル前後の層である。この厚さは赤道付近で厚く、極域で薄くなっている。10キロメートルというのは、地表での水平方向で考えると、車なら時速60キロで走行すれば、わずか10分程度で移動できる距離である。人間の感覚は不思議なもので、この10キロメートルを鉛直方向で捉えるととても長く(厚く)感じる。それは、鉛直方向に10キロメートル移動する経験が無いからだ。さらに、自力で10キロメートル登るのはとても大変なことと思えるからでもあろう。

鉛直方向での気温の変化はとても興味深い（図1）。対流圏では高度が増

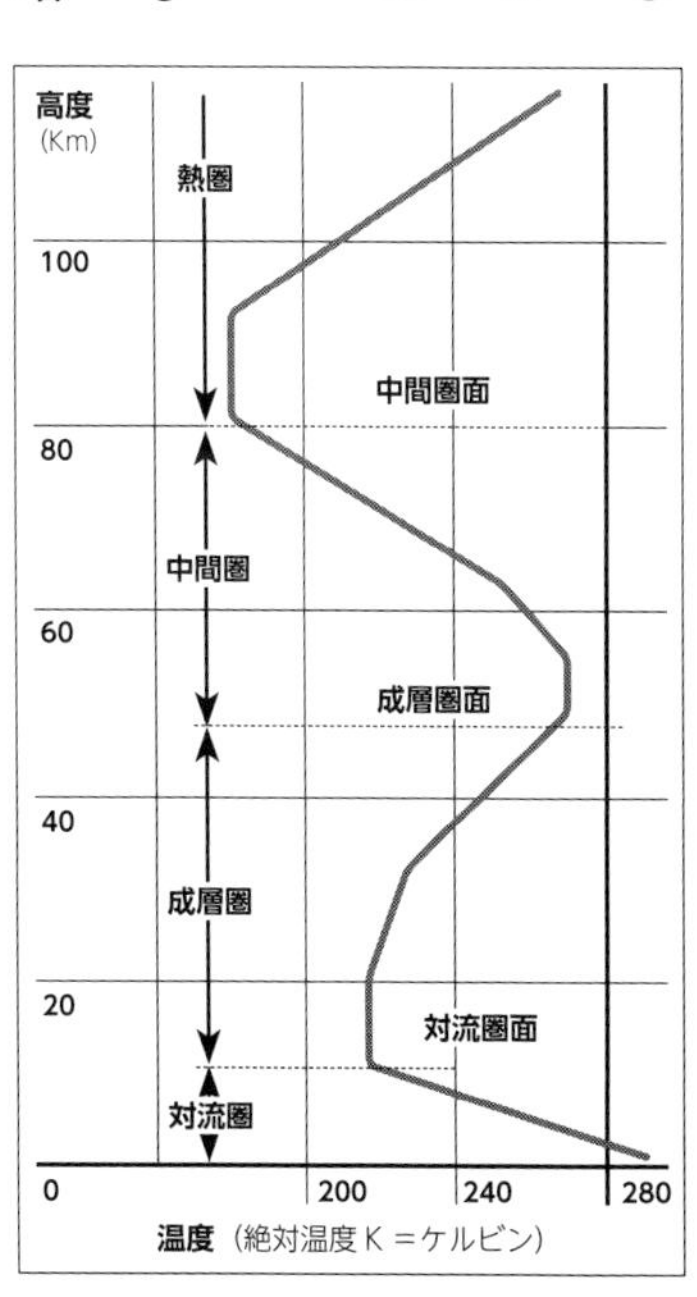

図1:温度の高度分布と大気層の区分
一般気象学(小倉義光)を参考に作図

すにつれ気温が低下する。これは、登山で標高が増すと気温が低下することを体感している人が多いので、無理なく納得できるだろう。ただし、その理由については「大気の熱力学」で学ぶことになる。成層圏(約10～50キロメートル)では、最初はあまり気温の変化はせず、やがて高度が増すにつれ、気温が上昇するようになる。これは紫外線とオゾンが関係している。中間圏(約50～80キロメートル)では、再び高度の増加とともに気温が低下している。一番上の熱圏(約80～500キロメートル)では、高度の上昇とともに気温が高くなっている。

毎回一問は出題される。類似する問題が多いので、正答が得られやすい分野である。また大気における放射や、気候の変動などと組み合わせる形で出題されることも多い。

(2)大気の熱力学

天気の変化の主要な要因となっている、水の状態変化(固体～液体～気体)についての理論的内容がテーマである。

前項で触れたように、登山をすると気温低下・気圧低下を体感する。また、新潟県上越市では南風が強まっている日に、全国ニュースでも話題になるくらい気温が上昇する日が年に何度かある。空気が乾燥することも特徴で、フェーン現象といわれるものだ。また、冬になると窓ガラスが結露し、児童生徒が窓ガラスに落書きをする。よく見かける定番の光景である。

この分野では、温位・相当温位・乾燥断熱減率・湿潤断熱減率などという初めて目にする重要用語が登場する。これらの内容を理解することがこの分野を攻略するポイントとなる。また、理論的な内容としては、気体の状態方程式・熱力学第一法則、大気の成層状態を表すエマグラム（状態曲線）などが登場する。これらを組み合わせた形で、様々な問題が出題される。私はこれらの内容を理解するのにずいぶんてこずった。毎回三問程度出題される。内容が多岐に渡り、なかなか難解な内容もあるため、この分野を征服するのは至難の業となる。計算が必要な問題も出題される。

コラム

大気の状態が不安定になっているとは

天気予報で「大気が不安定となり」とか「上空に寒気が流れ込む」といった表現がよく使われる。あるいは、「南の海上から暖かく湿った空気が流れ込み」という表現もよく使われる。これらの解説がある場合は、天気が急変して豪雨となったり、突風が吹いたりする場合が多い。

天気の変化が起きている対流圏は、上空ほど気温が低くなっている（1キロメートルで約6.3度低下）。これを気温減率という。ある高度に、その場所の気温よりも低い温度の空気が流れ込んだとする。空気の基本的な性質で、気温が低いほど密度が大きい。つまり同じ体積で比べると重い。この時上空に流入した寒気が地表に向けて下降する。これが典型的な「大気の状態が不安定」を示す姿である。この空気の動きに伴って、雷が発生するなど、天気が急変するのだ。

(3)降水過程　降水・降雪、雲の発生

雲がどのようにして発生するか。雨や雪がどのようなメカニズムで降るかがテーマである。また、霧の種類や発生についてもここで扱われる。

空を見上げると、様々な雲を観察することができる。山の周囲に発生している雲。海の上に広がっている雲。雨を降らせる雲。また、台風が接近したり遠ざかったりしているとき、雲の移動(流れ)がはっきりと変化していることを確認できる。私は豪雪地域で生活しているので、様々な降雪のパターンを経験している。また、雪の結晶に多様さがあることも良く分かる。

雲は非常に小さい水滴でできている。空気中に含むことができる水蒸気の量は、気温によって決まっている。水蒸気が限度いっぱい含まれていても、すぐに水滴ができて、雲が発生するとは限らない。空気中を浮遊している微粒子(エーロゾルという)の働きが必要である。この微粒子の周りに小さな水滴が付き、それが少しずつ集まって大きな水滴になるのだ。この過程を「拡散過程」あるいは「凝結過程」という。この雲粒がさらに大きくなり、雨粒になるには「併合成長」という過程を必要とする。これは、雨粒の大きさによって落下速度が異なるため、大きな雨粒が小さな雨粒を捉えながら落下していくことを表している。

雲は生成されている高さによって、上層雲・中層雲・下層雲に区分されている。また発生する要因によって、層状雲と対流雲に二分されている。また雲の種類は、形状により十種類に分類されている（十種雲形　コラム52頁）。見慣れると、今見ている雲の名前が分かるようになってくる。いろいろな書籍が出版されているので活用すると良い（152頁）。

霧は、大気中に小さな水滴が浮かぶことで、地表面付近での見通し（視程という）が1キロメートル未満になる現象である。ちなみに、視程が1キロメートル以上ある場合には「もや」という。霧の種類は、発生要因によって放射霧（盆地霧）、移流霧（海霧）、上昇霧・滑昇霧（山霧）、蒸気霧・蒸発霧（川霧）に分けられている。なお、（　）内は発生場所による名称を示している。

毎回一問程度出題される。雲の発生の仕方、雨や雪の出来方に関する内容が時々出題されている。

(4)大気における放射　放射冷却　熱の出入り

地球が太陽から受け取っているエネルギーの動向がテーマである。地軸の傾きと季節変化についても扱われる。最近話題となっている「地球温暖化」に関する内容も含まれる。また、青空・夕焼け・朝焼けについてもこの分野に関係している。

気温が昼間上がり夜間に下がる。これは太陽からのエネルギーを地球が受け取っているからだ。なぜ、地球は太陽からのエネルギーを受け続けているのに、気温が上昇し続けることがないのか。それは、地球が受け取ったエネルギーと地球が宇宙空間へ放出しているエネルギーのバランスがとれているからだ。アルベド(反射率)が重要な内容となっている。

なぜ晴れた日の空は青空なのか、夕焼けや朝焼けの色はどうしてできるのか。これは「散乱」によるものだ。散乱とは、粒子に当たった光が、四方八方に広がることをいう。空気分子による散乱をレイリー散乱という。青空や朝焼け・夕焼けはこれによるものだ。太陽光がエーロゾルや雲粒に当たって起こるのを、ミー散乱という。雲が白く見えたり、上空にちりなどが多く含まれるときに、空が白く見えたりするのはミー散乱が起こっているからである。

虹の発生についてもこの分野に関係している。時々副虹といって、二重に虹ができていることもある。

毎回一問程度出題される。まれに、計算問題の出題もある。

(5)大気の力学

天気の変化は、空気が動くことによって起こっている。この空気の動きに関する、実態・要因・理論的な裏付けがテーマである。

毎日風の状況は変化している。一日の中でも大きく変化する日もある。台風の接近時には、上空の雲がいつもより速く移動しており、上空の強い風を推測することができる。

「雲はどうして落ちてこないの？」と親にたずね、親を困らせた子どもがいたと聞いたことがある。何と素晴らしい子どもなんだろう。それは、核心を突いた質問だからだ。地表の二地点での気圧の違いを「気圧傾度」という。それによって空気に働く力を「気圧傾度力」という。風はこの気圧傾度力によって発生する。気圧が高い方から低い方に、空気が移動するためだ。気圧傾度は「鉛直方向」にもある。地表と上空とでは上空ほど空気の層が薄くなるので、上空は地表より気圧が低い。つまり空気には、気圧傾度力が上空に向かって働いている。また、空気には重力が働いているので、上空の空気塊や雲には下向きの力が働いていることになる。この上向きの気圧傾度力と下向きの重力とが釣り合っているのである。これを「静力学平衡」（静水圧平衡）という。

温帯低気圧や台風の気象衛星画像を見ると、渦ができている。日本周辺ではその渦は必ず反時計回りになっている。これはなぜか？　地球上で物体が運動するときに現れる、「コリオリ力」という見かけの力のためだ。不思議なことに南半球の渦は、時計回りになっている。北半球と南半球とでは、逆向きになっているのだ。これもとても興味深い関係である（口絵⑦）。

空気の回転性を示す「渦度」という用語が出てくる。反時計回りを「正の渦度」、時計回りを「負の渦度」と表現する。北半球では正の渦度が低気圧性循環で、負の渦度が高気圧性循環となる。

この分野は、毎回二～三問出題される。計算が必要な問題の出題もある。

2015.10.5

2016.2.18

北半球と南半球で逆向きの渦

(6) 気象現象

日本周辺で、天気の変化の主役ともいえる、温帯低気圧に関する内容が中核となるテーマである。また大気の循環も取り上げられる。さらに、熱帯低気圧（台風）についても、その発生・構造・移動などについて詳細に理解しておく必要がある。

日本周辺は年間を通して、温帯低気圧が西から東へと移動していく。このことに伴い、天気が様々に変化する。

温帯低気圧や台風に関する問題を中心に、毎回一〜二問出題される。水平スケールが大きな現象や、比較的小さい現象など多岐に渡って出題される。

また、高度約10〜１１０キロメートルの大気層（成層圏・中間圏・下部熱圏）に関わる出題も時にあり、この場合は(1)大気の構造と組み合わせての問題であることが多い。

(7) 気候の変動

耳にすることが多い、エルニーニョ現象・ラニーニャ現象・温室効果ガス・地球温暖化などが話題となる分野である。試験対策としては、あまり深入りをしなくとも良い。でも、「地球人」としては将来につながる重要なテーマであるので、常に関心を持っていたい。異常気象と気候変動とは明確に区別して理解する必要がある。

毎回一問程度出題される。

コラム

温室効果気体

良く晴れた日の朝、かなり冷え込む。雪国育ちの私は、友達と登校するときに、わざと道路から外れ雪の上を歩いて近道をした経験がある。「しみ渡り」という。これは、雲一つない好天の日の朝に可能となる。子どもの頃には、このような条件など全く意識せずに、純粋に楽しんでいた。「放射冷却」という言葉を知ったのは大人になってからだ。

茶碗に入れた熱湯が、時間が経つにつれ冷える。これは、熱湯から茶碗に移った熱が、周りの空気に伝わっていくからだ。太陽からの放射熱で大地が暖められる。また、大地から空気に向けて熱が移動する。この時、上空に雲（水蒸気を多く含んでいる）があると雲が熱を吸収する。そして、雲から大地に向けて熱が放出されるのだ。温室効果気体とは、このような働きをする気体のことをいっている。二酸化炭素もその一つなのだ。

(8) 法規

毎回四問出題される。「一般知識」合格には、全問正解することを目標にしたい。第一回目からの出題を確認すると、繰り返し出題されている内容が多い。過去問題演習をしっかり行うことで、全問に正解することができるようになる。

私は、試験の本番では最初に、十二〜十五問目の法規から取り組むことにした。四問中二〜三問は、さほど悩むことなく解答できることが多い。残る一〜二問は判断に迷うことがあるが、問題文を良く読むことで正答を答えることができる。十五問60分だから、平均一問4分で解答する必要があるのだが、「法規」をすんなりと通過できると、時間的にも精神的にもゆとりが生まれる。結果、残る問題にも持てる力を十分発揮することができるようになるのだ。

関係する法令は、気象業務法・災害対策基本法・水防法・消防法の四つである。業務法関係で三問、残る三法令で一問のパターンが多い。

共通する本番での対策としては、次の点に留意したい。五択なのだが、自信をもって正誤の判断ができるものが必ず一〜二問はある。そうすると、選択肢は二〜三問に絞られる。その上で、残る問いを熟読して判断すると正解にたどり着くことができる。

このことは、「専門」でも同様である。

2　予報業務に関する専門知識

以下に使用している図は、全て気象庁ホームページに掲載されているものを利用している。

(1) 観測の成果の利用

① 地上・海上気象観測

基本的な観測項目としては、気圧・気温・湿度・降水量・風向・風速・日射量・日照時間などがある。これらの観測方法は、明確に決められている。観測方法に関する出題が時々ある。

毎回一問程度出題される。

② 気象衛星観測（詳しい内容は実技編で扱う）

現在「ひまわり8号」が現役として運用されている。一般向けにも、気象庁のホームページに掲載されており、誰でも閲覧できる。

気象予報士試験で出題されるのは、赤外画像・可視画像・水蒸気画像の三種類で、それぞれの特徴を問う出題がある。

毎回一問程度出題される。

③ 気象レーダー観測

電波を発射して、雨雲や雪雲に当たって跳ね返ってきた電波（エコー）を観測することで、降水域の位置や強さを測定するのが気象レーダー観測である。その仕組みは下図のようになっている。

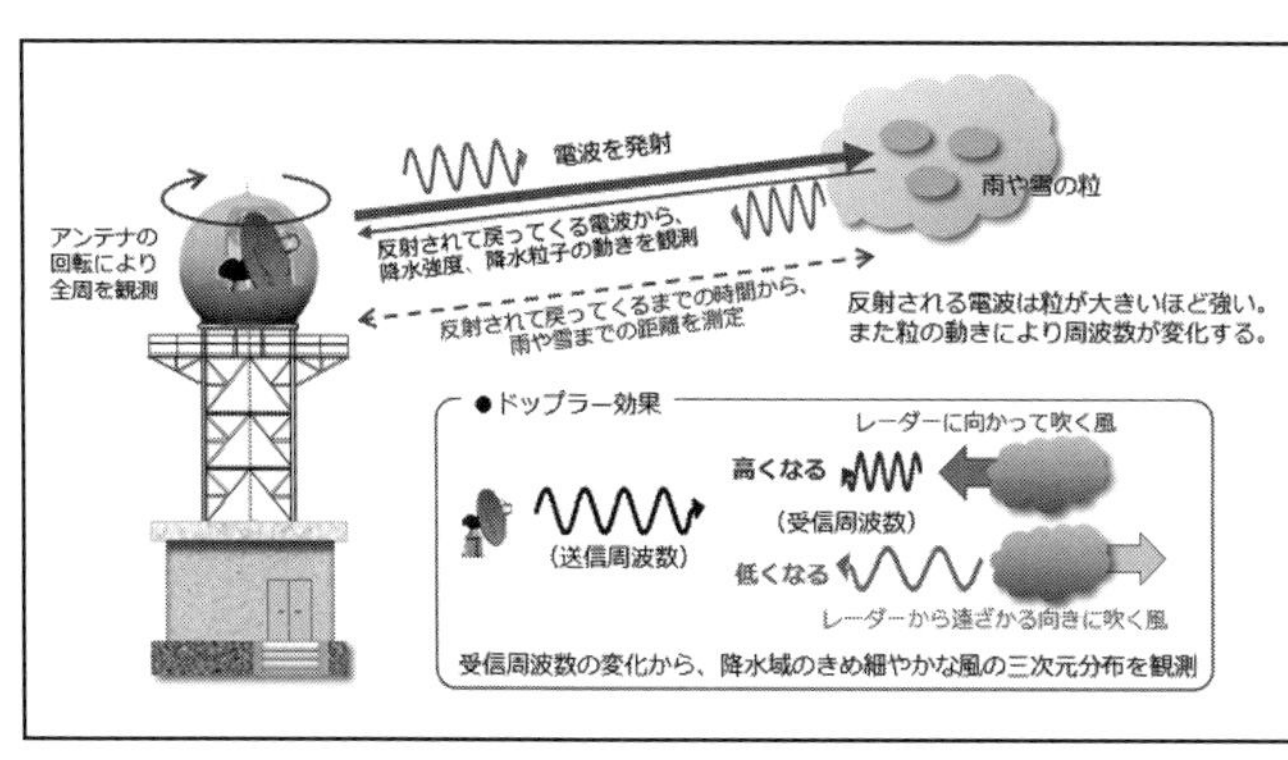

気象レーダーによる観測の概要

仕組みや利用上の注意点について、毎回一問程度出題される。

④高層気象観測

・ラジオゾンデ観測

ゴム気球に下図のような観測器を搭載して、上空の大気の状態を観測することを「ラジオゾンデ観測」という。観測機器は使い捨てのようである。

その仕組みや観測項目に関する出題が次項のウィンドプロファイラ観測も含めて毎回一問程度ある。

ラジオゾンデ観測器と放球の様子

・ウィンドプロファイラ観測

上空に発射された電波の一部が反射（散乱）されて戻ってくる。その電波を分析することで、上空の大気の状態を観測する。上空の五方向に電波が発射され、ドップラー効果（救急車のサイレンが通り過ぎた後、音程が低くなる現象）による周波数の変化を検出して、空気の移動方向や速度を測定している。

ウィンドプロファイラの観測原理の概要

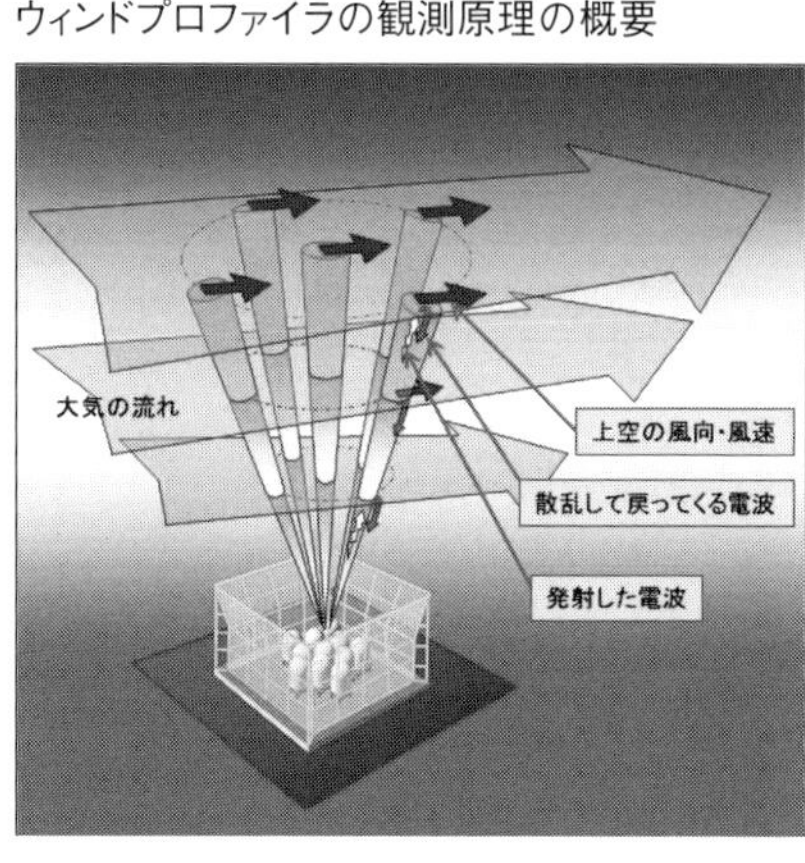

(2) 数値予報

下図のように地球大気を細分し（格子点という）、それぞれに温度・風向風速・水蒸気量などの値を入力し、スーパーコンピュータを使って将来の状況を予測する手法を数値予報という。おおまかな予報までの流

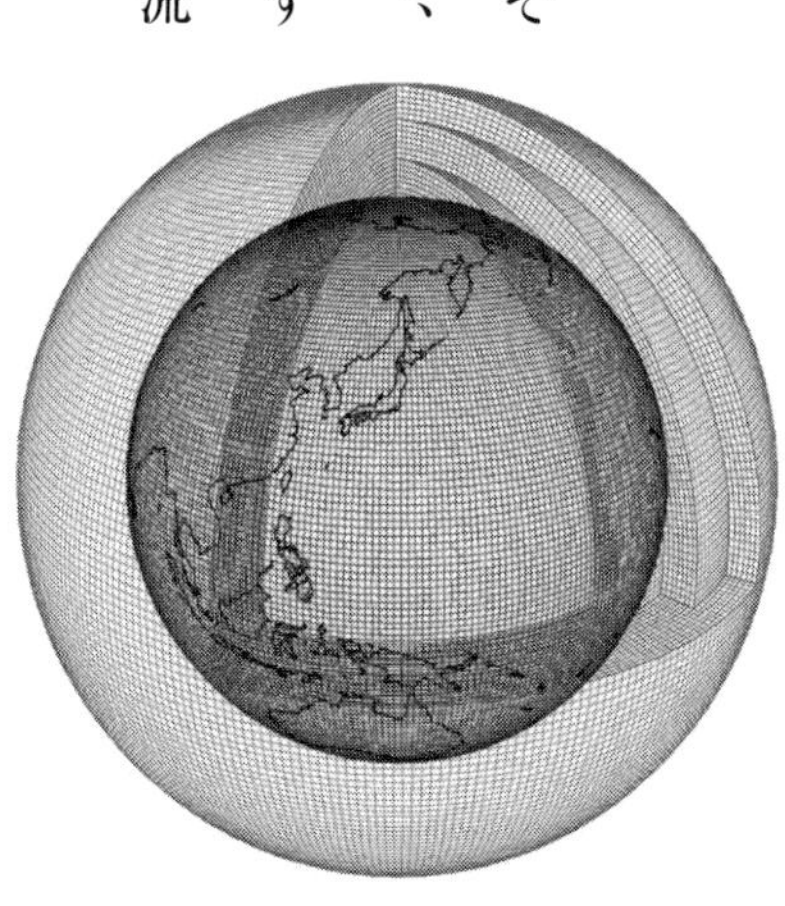

れは、下図のようになっている。

毎回三問程度出題される。

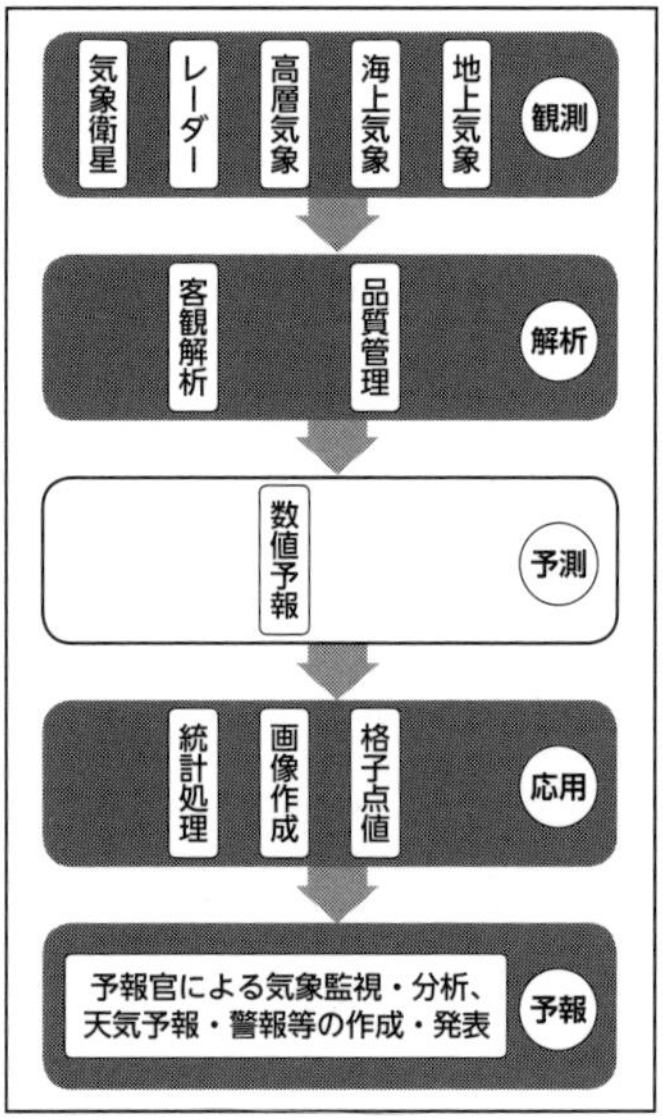

観測：地上気象、海上気象、高層気象、レーダー、気象衛星
解析：品質管理、客観解析
予測：数値予報
応用：格子点値、画像作成、統計処理
予報：予報官による気象監視・分析、天気予報・警報等の作成・発表

数値予報の流れ

(3) 短期予報・中期予報、長期予報

気象庁ホームページの記載では、天気予報は予報期間に応じて、次のように区分されている。

> 四種類の季節予報（一カ月予報、三カ月予報、暖候期予報、寒候期予報）にはそれぞれ、北日本や東日本ごとに発表される全般季節予報と、北海道地方や東北地方、関東甲信地方といった地方ごとに発表される地方季節予報があります。

下の地図のように、全般季節予報は四地域に区分して予報し、地方季節予報は十一地域に区分して予報します。また全般季節予報は気象庁本庁が発表し、地方季節予報は全国を十一地域に分けた予報区ごとにそれぞれ担当する気象官署が発表します。

北日本
北日本日本海側
北日本太平洋側
東日本日本海側
東日本
西日本日本海側
東日本太平洋側
西日本太平洋側
西日本
沖縄・奄美

北海道オホーツク海側
北海道日本海側
北海道地方
北海道太平洋側
東北日本海側
東北地方
北陸地方
東北太平洋側
近畿日本海側
中国地方
山陰
関東甲信地方
山陽
九州北部地方
東海地方
近畿地方
近畿太平洋側
九州南部
四国地方
九州南部・奄美地方
奄美地方
沖縄地方

右図（上）が四地域区分、（下）が十一地域区分を表している。

予報を行う時点から3時間先を越え、48時間先以内の予報を「短期予報」という。府県予報区（府県ごとに区分）を細かく分けた、一次細分区域ごとに、一日三回発表される。

コラム

新潟県は北陸地方？

新潟県で生まれ育った私は、関東甲信越という言い方に慣れている。天気予報では、二通りの地域区分が使われている。全国四地域（北日本、東日本、西日本、沖縄・奄美）に区分するものと、十一地域（関東甲信地方、北陸地方など）に区分するものだ（前頁で触れた）。このうち、三つの県の所属が他の分野で用いられている区分と異なっている。新潟県は北陸地方、三重県は東海地方、山口県は九州北部地方に所属しているのだ。気候の特徴に、より共通点が見られるということなのではないかと推測している。

上越市は、令和三年一月に豪雪に見舞われた。私が住む高田地区は、三日間の降雪量が187センチメートルに達し従来の記録を更新するとともに、この期間（一月七～九日）で全国一位にもなってしまった。この時の状況は福井県・石川県でも同様で、新潟県を北陸地方に所属させていることに納得できる。

　予報を行う時点から二日先を越え、七日先以内の予報を「中期予報」といい、「週間天気予報」として発表されている。「全般」「地方」「府県」の三つある。府県週間天気予報で発表される気象要素は、天気・降水確率・最低最高気温・予報の信頼度（A〜Cの三階級で発表）・平年値データである。

　予報を行う時点から七日先を越え、六カ月以内の予報を「長期予報」という。季節予報という名称で発表され、最初に気象庁のホームページ掲載の内容を紹介した通り、一カ月予報・三カ月予報・暖候期予報・寒候期予報の四種類が発表される。

【全国】新潟県の季節予報 1カ月予報

北陸地方　1カ月予報（7/3〜8/2）		
2021年7月1日14時30分　新潟地方気象台　発表		
向こう1カ月 7/3〜8/2	天候	期間の前半は、平年に比べ曇りや雨の日が多いでしょう。期間の後半は、平年と同様に晴れの日が多いでしょう。
	気温	平均気温は、平年並または高い確率ともに40%です。
	降水量	降水量は、平年並または多い確率ともに40%です。
	日照時間	日照時間は、平年並または少ない確率ともに40%です。
1週目 7/3〜7/9	気温	1週目は、平年並または高い確率ともに40%です。
2週目 7/10〜7/16	気温	2週目は、平年並または高い確率ともに40%です。

気温、降水量、日照時間の各段階の確率（%）

		期間	低い（少ない）	平年並	高い（多い）
気温	北陸地方	向こう1カ月 7/3〜8/2	20	40	40
		1週目 7/3〜7/9	20	40	40
		2週目 7/10〜7/16	20	40	40
		3〜4週目 7/17〜7/30	30	40	30
降水量	北陸地方	向こう1カ月 7/3〜8/2	20	40	40
日照時間	北陸地方	向こう1カ月 7/3〜8/2	40	40	20

低い（少ない）　平年並　高い（多い）

(4)降水短時間予報・降水ナウキャスト

降水短時間予報は、1時間ごとの降水量を、6時間先までは1キロメートル四方、7~15時間先までは5キロメートル四方の細かさで予報するものである。また、降水ナウキャストは、1時間先までの5分ごとの降水の強さを1キロメートル四方の細かさで予報するものである。気象庁ホームページリニューアル後は、「雨雲の動き」のページで閲覧できる。「ナウキャスト」と名前が付いているのは、他に「竜巻発生確度ナウキャスト」「雷ナウキャスト」があり、これらに関する出題も多い。

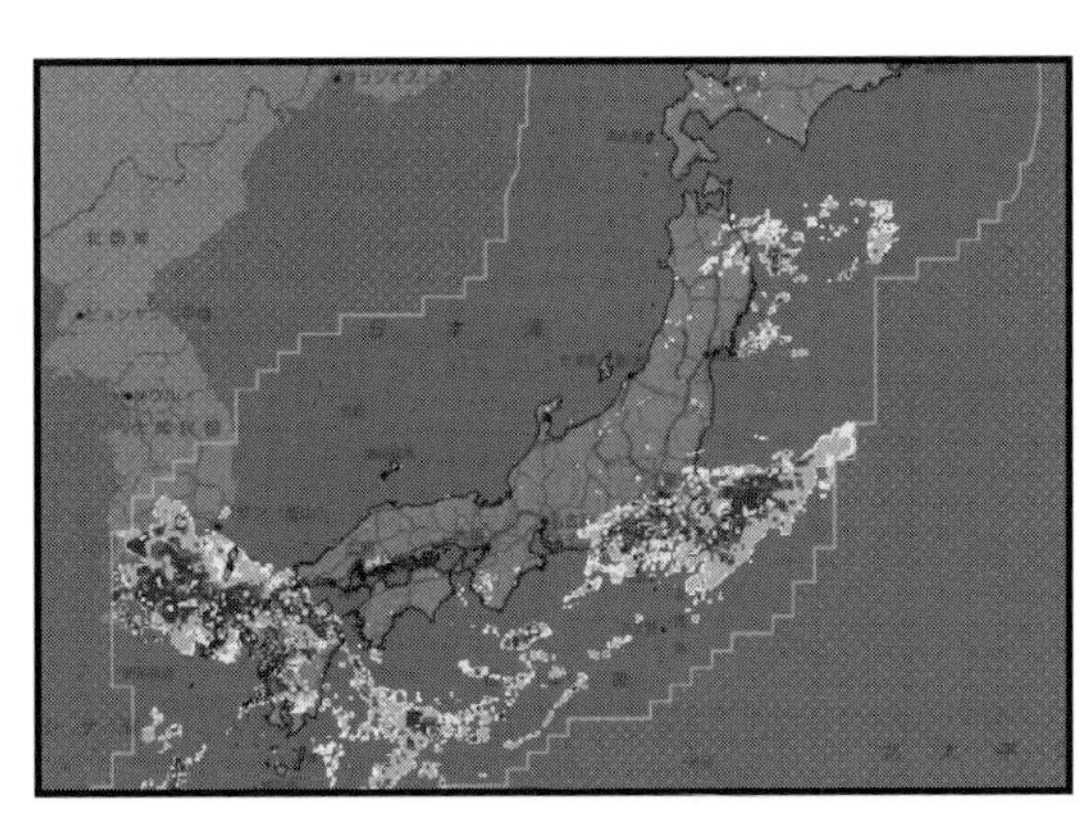

(5)予想の精度の評価

予報は次の三種類に分類されている。

①カテゴリー予報「雨が降る・降らない」など断定的に予測するもの。

②確率予報　事象が起こる確率を予測するもの。

③量的予報　気温・降水量・降雪量・風速などを具体的な数値で予測するもの。

これらの予報のうち、①の精度を評価する方法として、下のような分割表を作成し、適中率・空振り率・見逃し率を算出することが行われている。②・③についても、それぞれ独自の方法が採用されている。

		実況	
		あり	なし
予報	あり	A	B
	なし	C	D

的中率	A+D(予報が当たった回数) / A+B+C+D(予報を発表した回数)
空振り率	B(「現象あり」と予報したのに、実況では「現象なし」だった回数) / A+B+C+D(予報を発表した回数)
見逃し率	C(「現象なし」と予報したのに、実況では「現象あり」だった回数) / A+B+C+D(予報を発表した回数)

(6) 防災情報

気象庁のホームページに、各種防災情報とそれに基づいて取るべき行動として、次の資料が掲載されている。これは、「避難情報に関するガイドライン」(内閣府・防災担当)が令和三年五月に改訂され、それに基づいて示されたものである。国民の生命にかかわる「防災情報」に関しては、このように最新の情報を得ることが大切である。

「専門」でも、毎回一問程度の出題がある。

令和3年5月20日から

警戒レベル4 避難指示で必ず避難

避難勧告は廃止です

警戒レベル		新たな避難情報等		これまでの避難情報等
5	災害発生又は切迫	緊急安全確保※1	←	災害発生情報(発生を確認したときに発令)
〜〜〜<警戒レベル4までに必ず避難!>〜〜〜				
4	災害のおそれ高い	避難指示※2	←	・避難指示(緊急)・避難勧告
3	災害のおそれあり	高齢者等避難※3	←	避難準備・高齢者等避難開始
2	気象状況悪化	大雨・洪水・高潮注意報(気象庁)		大雨・洪水・高潮注意報(気象庁)
1	今後気象状況悪化のおそれ	早期注意情報(気象庁)		早期注意情報(気象庁)

※1 市町村が災害の状況を確実に把握できるものではない等の理由から、警戒レベル5は必ず発令される情報ではありません。
※2 避難指示は、これまでの避難勧告のタイミングで発令されることになります。
※3 警戒レベル3は、高齢者等以外の人も必要に応じ普段の行動を見合わせ始めたり、避難の準備をしたり、危険を感じたら自主的に避難するタイミングです。

警戒レベル5は、すでに安全な避難ができず命が危険な状況です。警戒レベル5緊急安全確保の発令を待ってはいけません!

避難勧告は廃止されます。これからは、警戒レベル4避難指示で危険な場所から全員避難しましょう。

避難に時間のかかる高齢者や障害のある人は、警戒レベル3高齢者等避難で危険な場所から避難しましょう。

内閣府(防災担当)・消防庁

コラム

ノットと海里

速度と距離の単位である。気象予報士試験の「実技」で、この単位を使う形で頻繁に出題される。勉強を始めた頃はなかなか馴染めず苦労した。船舶の運転経験のある人は、使い慣れている(聞き慣れている)かもしれない。

１ノットは１時間に１海里進む速さを示している。海里は、地球の緯度間の距離を基に設定されているもので、緯度10度が６００海里と決められている。

また、１海里は１８５２メートルである。この数字は、カレンダー(何月でもよい)の一日から下へ、同じ曜日の日付の下一桁をつなげたものになっている。とても面白い関係になっていて、覚えやすい。

風速の表示や台風の移動速度では、ノットが使われている。もっとも、一般向けの解説ではキロメートルやメートルを使って時速○キロメートルあるいは、秒速○メートルと表現されることが多い。

コラム

トレーシングペーパー

実技の問題用紙にトレーシングペーパーが挟まれている。A４版の厚手の用紙である。このトレーシングペーパーを使いこなすのには熟練を要する。私は、低気圧の移動が出題されたときに、中心位置を写し取るために使った。

また、台風の移動でも同様である。また、二種類の予報図に示される「湿潤域」と「上昇流域」の対応を見ることにも使った。トレーシングペーパーを使う場合の注意点としては、比較する図の縮尺が同じか違っているのかを確認することだ。同じ縮尺でないと時間の浪費になってしまう。過去問題演習の中で、使った方が要領よく解答できるか、あえて使わなくともよいのか、瞬時に判断できるようになる必要がある。使い慣れていると随分時間の節約となる。私は本物と同じくらいの厚手の物を、アマゾンで手に入れて練習で使って慣れるようにした。

【実技試験】

1　気象概況及びその変動の把握

2　局地的な気象の予報

3　台風等緊急時における対応

タイプごとの留意点

●記述問題　聞かれていることにだけ答えること。

●作図問題　迅速に（苦労する割には配点が少ない場合がある）。

●穴埋め問題　つまらないミスを無くすこと。問題文中の（　　　　）の設定に要注意。

（例）海上警報に関する出題には次のパターンがある。

（答えが**海上強風警報**である場合）

全部答えさせる場合

（海上強風警報）が出されている

一部答えさせる場合

（　海上強風　）警報が出されている

海上（　強風警報　）が出されている

このような出題パターンがある。冷静な時には間違うはずが無いのだが、時間に追われている本番では、得てして文中に書かれている語句を含めて答えてしまうことがある。開始直後の問一での間違いは少ないのだが、特に時間に追われる後半の穴埋め問題ではミスが出やすい。

●数値を答える問題　符号に注意

（例）気圧変化

変化量を答える場合

＋（プラス）15hPa（ヘクトパスカル）あるいは、－（マイナス）15hPaなどと符号を付ける必要がある。

コラム

《台風その4》台風の温帯低気圧化

下の天気図は、気象庁ホームページに掲載されている「日々の天気図」である。（令和二年九月三、四日分）

台風は「コラム：台風その1」（17頁）に示した基準より弱まると、熱帯低気圧となる。この状態は勢力が弱まっただけである。その後北上すると、寒気と接するようになり、「温帯低気圧」としての性質を持ち始める。三日の天気図が示す、中心に向かって前線ができ始める状態である。四日には温帯低気圧に変わっている。

3日（木）新潟県で40℃以上に

台風第9号は午後温帯低気圧に。湿った空気の影響で西日本～東日本の太平洋側を中心に曇りや雨で雷を伴う所も。新潟県三条の最高気温40.4℃は9月の全国史上1位を更新。

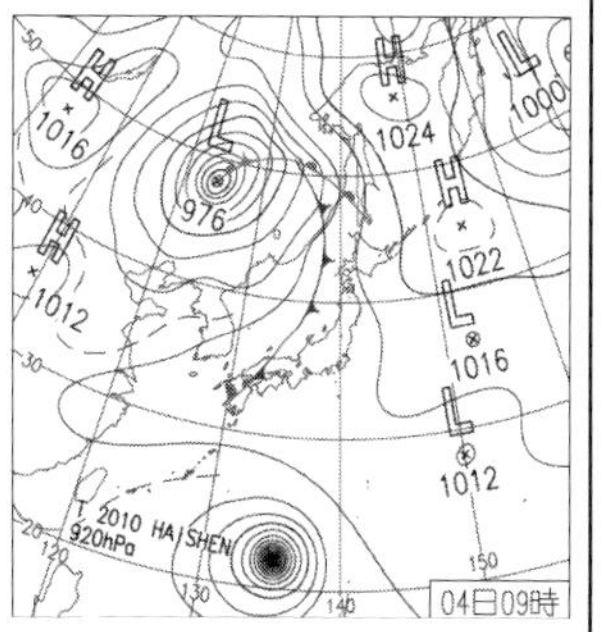

4日（金）関東～東北で猛烈な雨

台風第9号から変わった低気圧からのびる前線の影響で、西日本～北日本の所々で雨や雷雨。青森県弘前の88mm/1h、埼玉県久喜の87mm/1hは共に史上1位。福井県で震度5弱。

気温・風鉛直断面図	湿数鉛直断面図	風の鉛直プロファイル	気温の鉛直プロファイル	予想 鉛直断面・相当温位	解析・予想 メソモデル降水量・風	予想 全球モデル降水量・風	予想 降水短時間予報	気温と風の時系列図	高層風時系列図	気温・降水量・降雪時系列図	レーダーエコー合成図	ウィンドプロファイラ	アメダス実況図	地形図	大気現象の記事	各種要素の時系列図	前1時間降水量	注意報発表基準	流域雨量指数・土壌雨量指数	海面水温図	沿岸波浪実況図
								○					○	○	○	○					
					○									○							
										○		○									
													○	○		○					
											○		○	○		○					
					◎	○								○					○		
											○					○				○	
					○	○	○	○	○												
								○			○		○								
								○													
		○									○		○								
								○					○					○			○
														○							
	○								○												
								○					○								
				○					○												
			○														○				
○																					
								○	○		○										

実技で出題された図表類一覧（第46回〜55回）【○は出題されたことを示す ◎は2枚出題】

		地上天気図	地上実況図	赤外画像	水蒸気画像	可視画像	高層天気図 300hPa	高層天気図 500hPa	高層天気図 700hPa	高層天気図 850hPa	状態曲線（エマグラム）	予想 高度・風 300hPa	解析 高度・渦度 500hPa	予想 高度・渦度 500hPa	予想 風・湿数 500/700	解析 気温・風解析図 850hPa	解析 気温・風・鉛直流 850/700	予想 気温・風・鉛直流 850/700	予想 地上気圧・降水量・風	予想 相当温位・風 850hPa	輝度温度図
55回	1	○			○		○	○	○	○	○			○				○	○	○	
	2	○		○	○		○	○			○			○			○	○	○	○	
54回	1	○		○			○	○			◎			○			○	○	○		
	2	○		○			○	○		○			○	○	○				○	◎	
53回	1	○		○						○	○			○	○		○	○	○	○	
	2	○		○	○	○	○				○		○	○					○	○	
52回	1	○	○	○	○			○		○				○	○			○	○	○	
	2	○		○		○		○			○			○	○		○		○	○	
51回	1	○			○	○		○		○	○			○	○					○	
	2	○		○	○		○						○	○			○	○	○	○	
50回	1	○	○	○		○	○				○	○					○		○	○	
	2	○		○									○	○			○	○	○		
49回	1	○				○		○		○	○			○	○			○	○		
	2	○	○	○		○					○		○	○	○		○	○		○	
48回	1	○		○		○								○				○	○	○	○
	2	○		○		○	○	○						○			○	○	○		
47回	1	○	○	○	○		○			○	○							○	○	○	
	2	○											○	○			○	○	○		
46回	1	○	○	○		○				○				○				○	○		
	2	○	○	○		○	○						○	○		○	○	○	○		

実技試験の資料として出題される各種資料

過去五年間で出題された全二十題で使用された、図表類のリストを前頁に示した。これらのうち、出題頻度の高いものの概要を以下に示す。

(1) 各種天気図

様々な天気図が作成されており、それらのうち出題頻度の高い七種類を示す。

① 地上天気図

地上の気圧分布を中心に、前線・海上警報などが表示されている。試験の中心テーマとなる天気の概況であり、毎回必ず出題される。左図のように、必要な部分がトリミングされて示される。天気予報で普段目にするのは、これを簡略化したものだ。発達中の低気圧に関する記述や移動方向・移動速度に関する記述もある。また、台風の接近時には進行方向や暴風域も表示される。

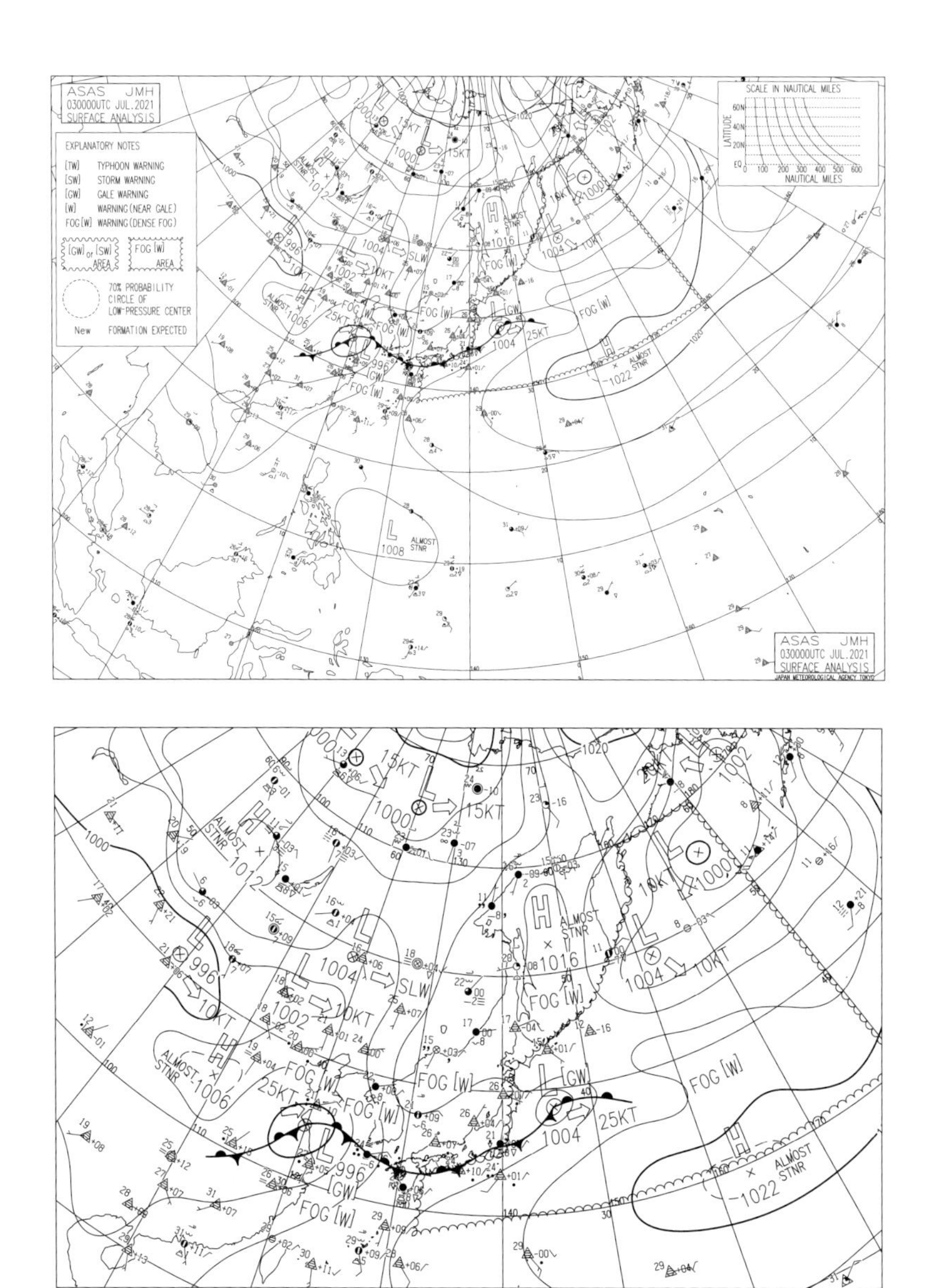
ASAS JMH
030000UTC JUL.2021
SURFACE ANALYSIS
EXPLANATORY NOTES
[TW] TYPHOON WARNING
[SW] STORM WARNING
[GW] GALE WARNING
[W] WARNING (NEAR GALE)
FOG [W] WARNING (DENSE FOG)
[GW] or [SW] AREA
FOG [W] AREA
70% PROBABILITY CIRCLE OF LOW-PRESSURE CENTER
New FORMATION EXPECTED
SCALE IN NAUTICAL MILES
LATITUDE
NAUTICAL MILES
JAPAN METEOROLOGICAL AGENCY TOKYO
ALMOST STNR
1012
1016
1004
1002
1006
996
1000
1022
1008
15KT
10KT
25KT
SLW
FOG [W]
[GW]

② 高層天気図

850、700、500、300hPaなどの等圧面における風・高度・気温・湿数（500hPa以下）を示したものである。

等高度線は60メートル、300hPaでは120メートルごとに引かれている。等温線は破線で（300hPaでは数値）描かれている。300hPa天気図は、強風軸が話題となる設問で出されることが多い。③〜⑥と比較して考察するタイプの設問で示されることが多い。

③から⑤は解析図と予想図がある。

解析図は、数値予報を行うための最初の資料（初期値という）として作成されるものであ

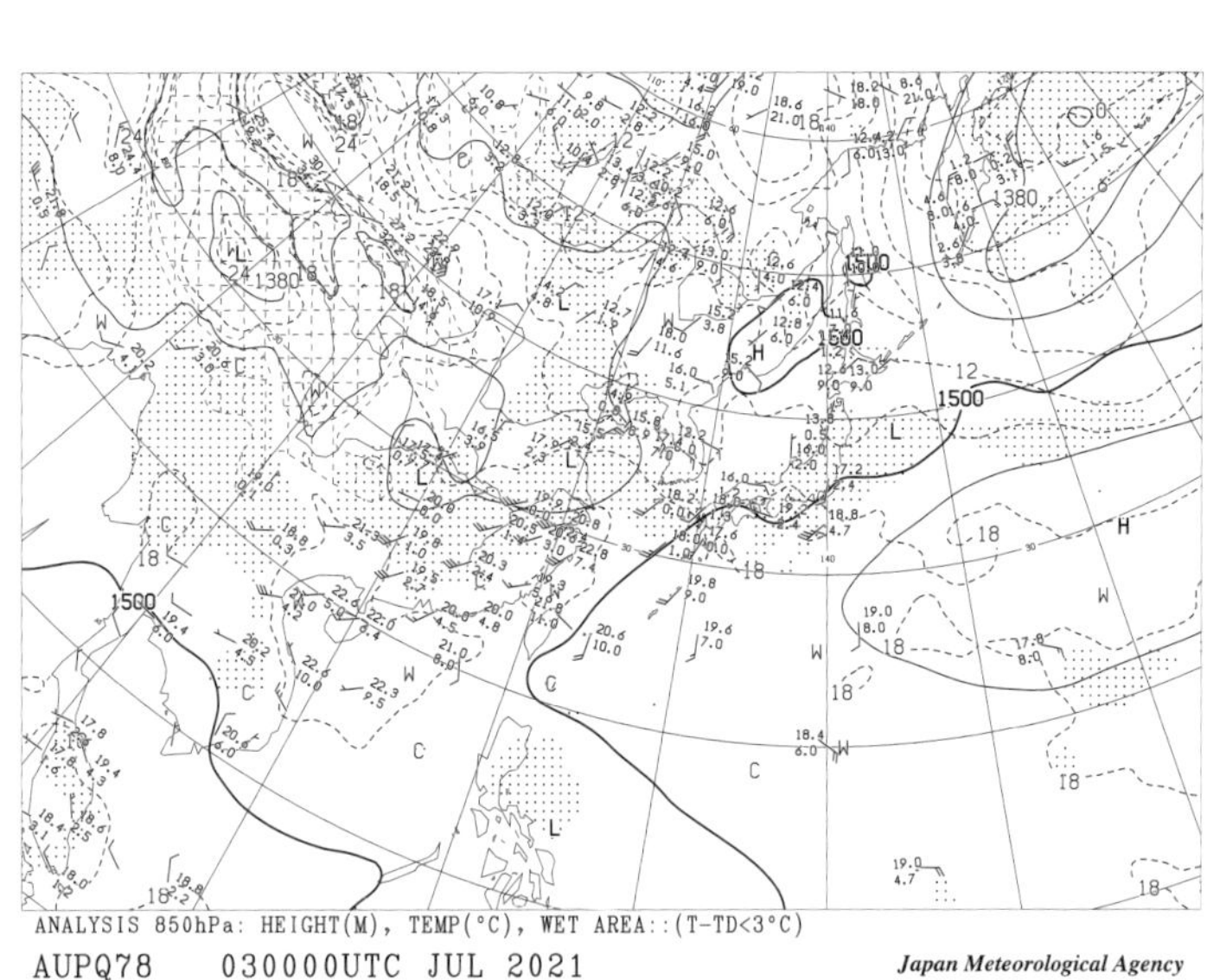

ANALYSIS 850hPa: HEIGHT(M), TEMP(°C), WET AREA::(T-TD<3°C)
AUPQ78　030000UTC JUL 2021　*Japan Meteorological Agency*

る。これをもとに、12時間後、24時間後というように将来の大気状態を予想した予想図が作成される。

③ ５００hPa高度・渦度図

渦度は大気の回転性を示す、重要な気象要素である。反時計回りを正の渦度・時計回りを負の渦度としている。

強風軸の位置を推定する出題が頻出である。

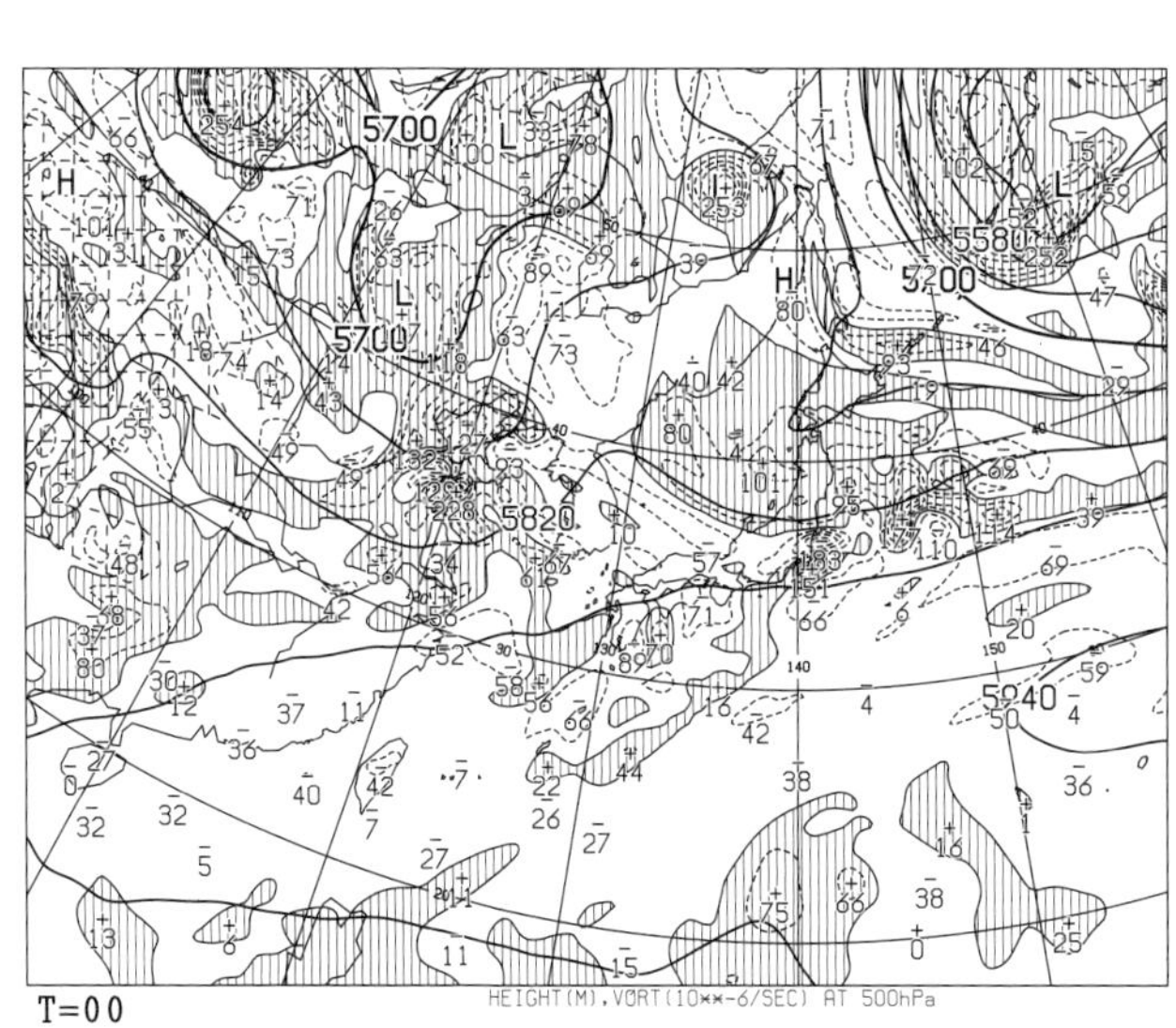

④　７００hPa湿数・５００hPa気温図

５００hPaの気温が3度ごとの太い実線で描かれており、気温の値は6度ごとに示される。また、寒気域の中心にはC、暖気域の中心にはWが表示される。７００hPaの湿数（気温と露点温度との差）が6度ごとに細い実線で、3度以下の湿潤域が縦の実線で描かれている。湿数の値は、12度ごとに示されている。

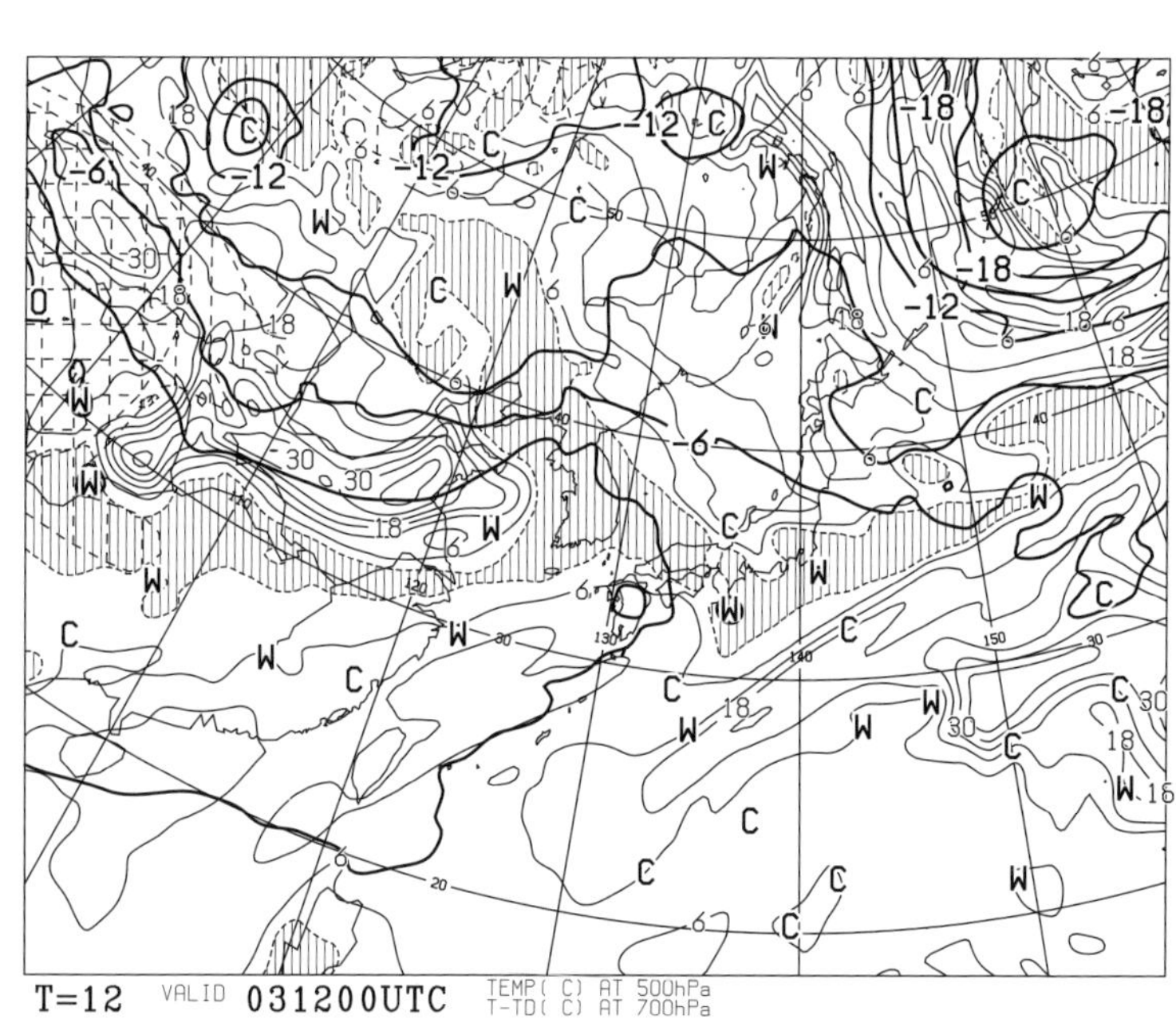

⑤８５０hPa気温・風、７００hPa上昇流図

８５０hPaの気温が３度ごとの太い実線で描かれており、気温の値は６度ごとに示される。また、寒気域の中心にはC、暖気域の中心にはWが表示される。風向と風速はおよそ３００キロメートル間隔で矢羽根で表示されている。７００hPa上昇流の分布は０の等値線が実線で描かれており、縦の実線が施されている。極大域付近には－（マイナス）を付けて数値が示されている。

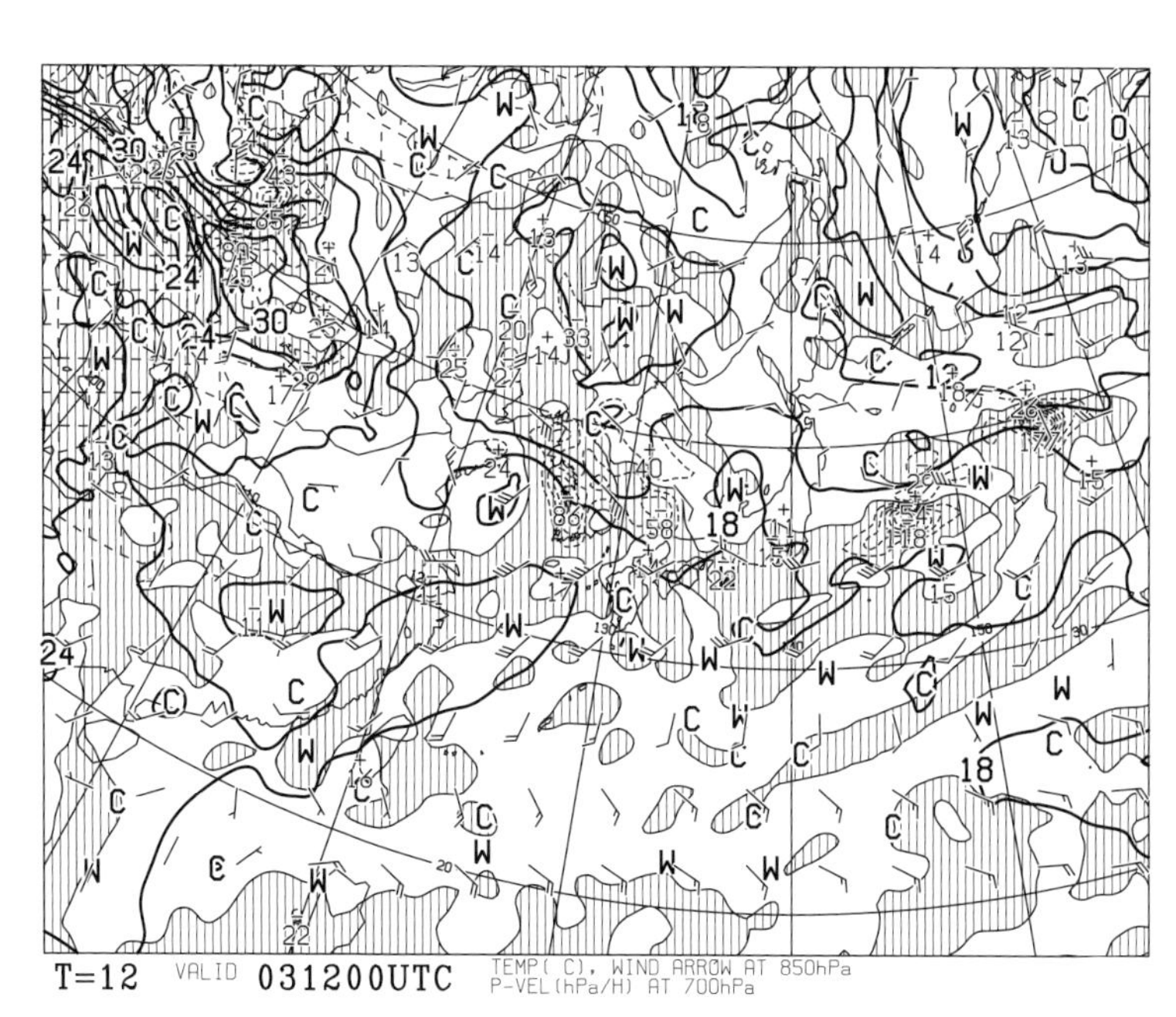

⑥ 地上気圧・風・降水量予想図

気圧は①と同様に、1000hPaを基準に4hPaごとに実線で、20hPaごとに太実線で示されている。また、気圧の値は8hPaごとに示される。風は海上風が地上天気図と同様に、矢羽根で示される。降水量は予想図の時刻まで積算した12時間予想降水量が示される。0ミリメートルから10ミリメートルごとに最大50ミリメートルまで、等降水量線が破線で示される。

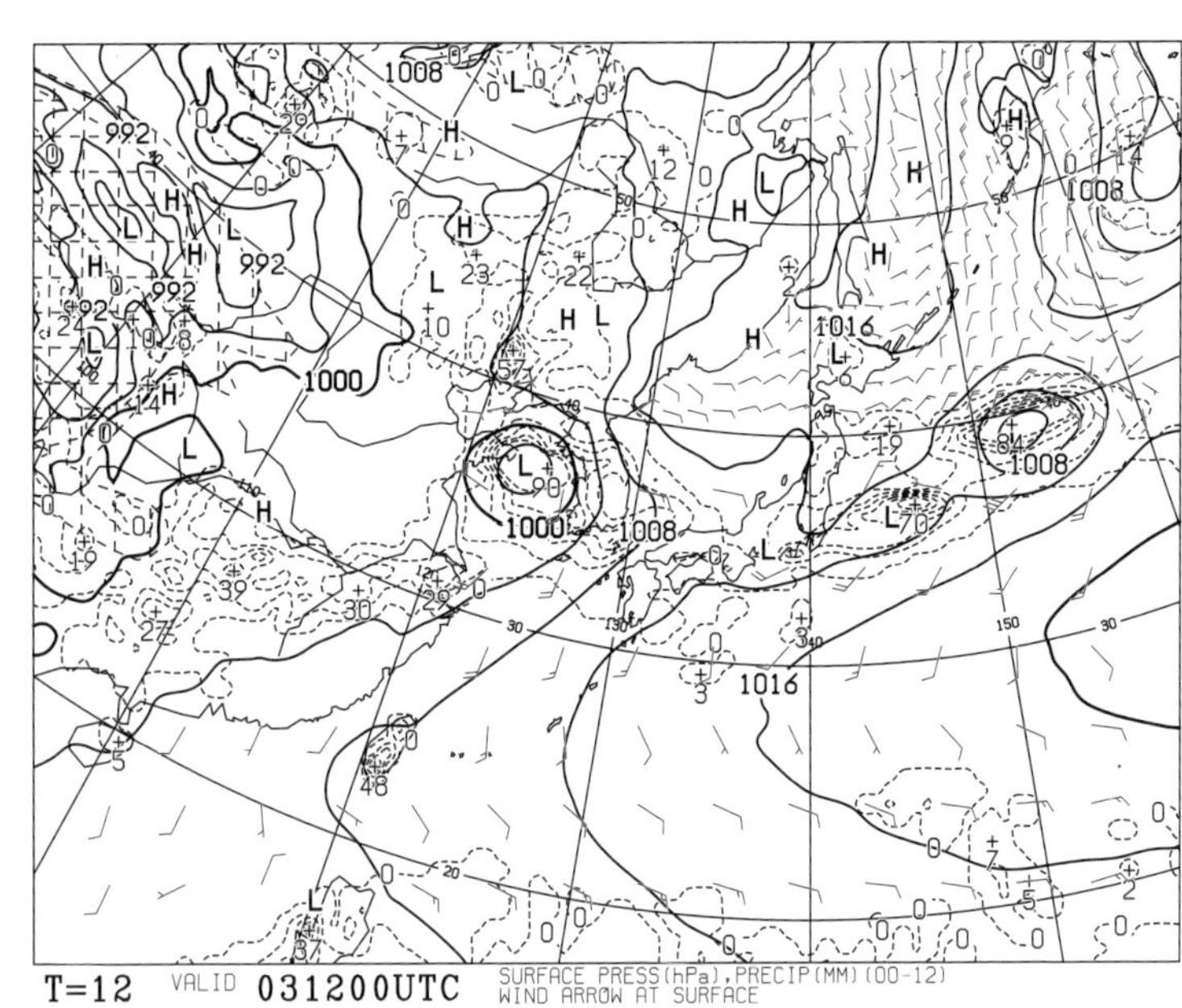

⑦　850hPa相当温位・風予想図

出題頻度が高い天気図である。相当温位は、気温と水蒸気量を含む気象要素で、前線解析に使われる。300ケルビンを基準線に3ケルビンごとに実線で、15ケルビンごとに太実線で示される。風向・風速は地上天気図と同様に短い矢羽根一本が5ノット、長い矢羽根一本が10ノット、旗矢羽根一本が50ノットである。

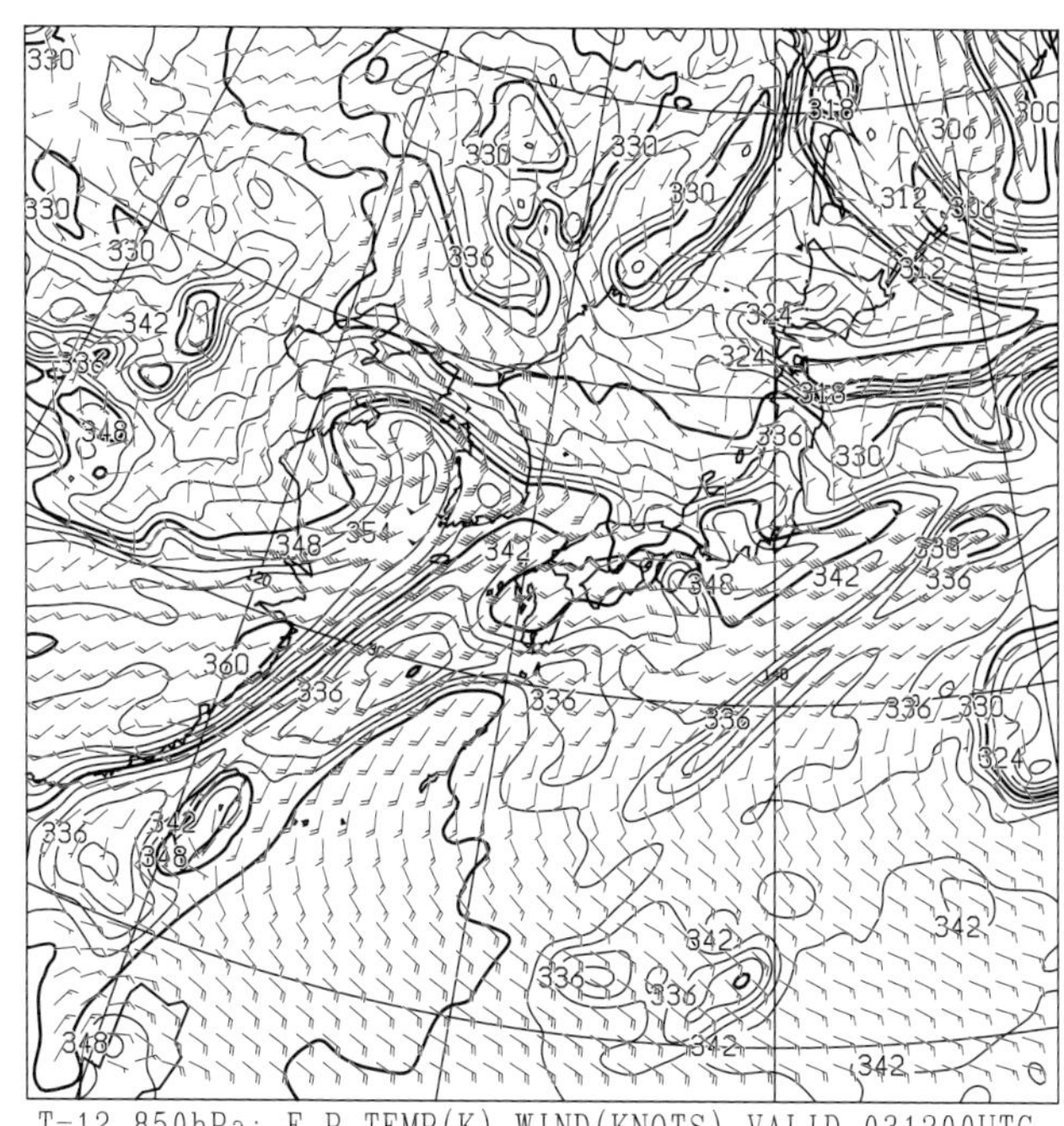

T=12 850hPa: E.P.TEMP(K),WIND(KNOTS) VALID 031200UTC

(2) 気象衛星画像

天気予報によく登場する。特に解説では、雲の発達・移動の様子、台風の渦雲の様子、冬型の気圧配置で見られる日本海上空に発達する筋雲の解説で使われている。

天気予報では赤外画像が主に使われているが、気象予報士試験に資料として出題されるのは、赤外画像・可視画像・水蒸気画像の三種類である。

●赤外画像(令和三年二月二十三日十二時)

雲頂の温度(輝度温度という)を示している。

雲頂高度が高いほど輝度温度が低く、白く写る。逆に、雲頂高度が低いほど輝度温度が高く、黒く写る。この「高い」「低い」の関係が逆になっているので、試験では問題文の表現に注意する必

赤外画像

要がある。雲頂高度を聞いているのか、輝度温度を聞いているのかで解答が変わるからだ。

●可視画像（令和三年二月二十三日十二時）

雲の厚さを示している。（雲で反射する太陽光の強さを白から黒までの段階表示で画像化）厚い雲ほど白く写る。また、太陽光が斜めから雲に当たる時間帯では、雲の影が映っており、雲頂の凹凸の有無を判断することができる。

赤外画像と可視画像の両方が示され、雲の名称を問う出題が頻出である。

※リニューアル後の気象庁ホームページでは「トゥルーカラー再現画像」という鮮明なデータも提供されている。

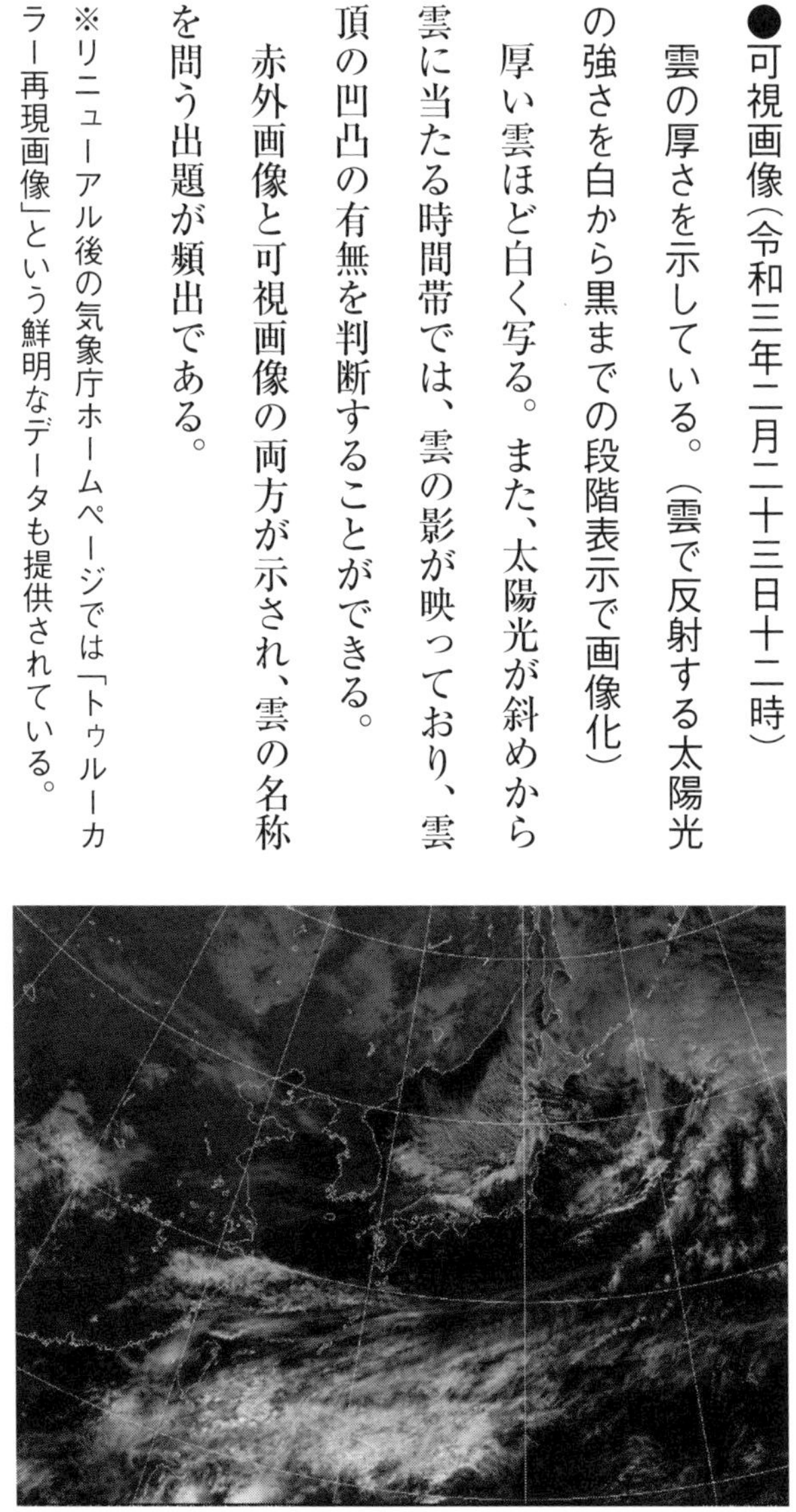

可視画像

●水蒸気画像（令和三年二月二十三日十二時）

大気中・上層の水蒸気量の多寡を示している。多いほど白く、少ないほど黒く写る。

上層で寒気が下降している所や、乾燥した空気が流入している所では、黒く（暗く）表現される。また、湿った空気が上昇している所や、湿った空気が上層に流入している所では白く（明るく）表現される。

これらの特徴を基に、気圧の谷（トラフ）の解析・強風軸の解析などに活用する。

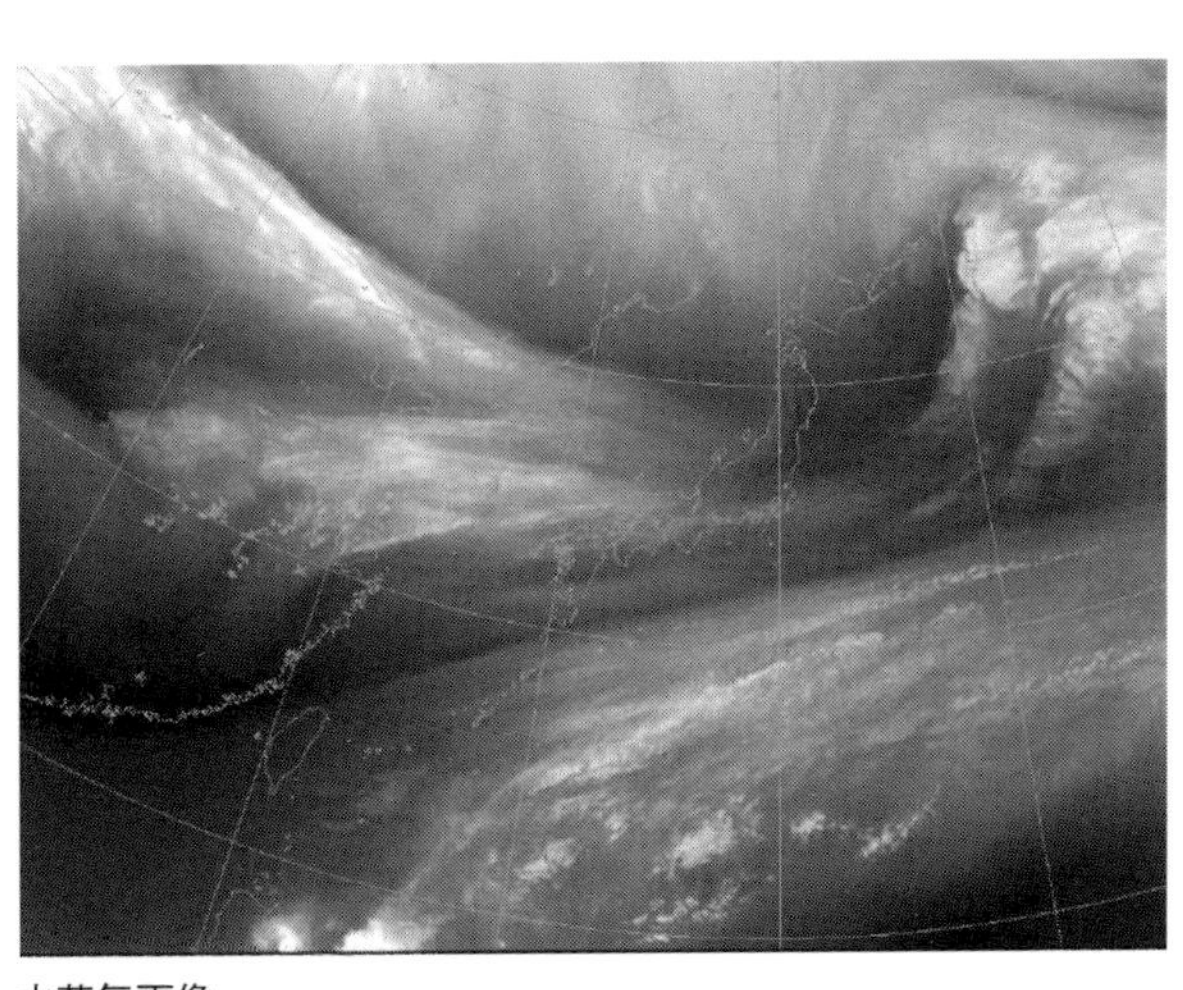

水蒸気画像

(3)エマグラム（下図左）

大気の鉛直安定度や空気塊の断熱過程を表すために利用される。縦軸は気圧を表す。目盛りの間隔は、実際の大気の状態に合わせて、下層ほど狭くなっている。横軸は温度（℃）を表す。気温・露点温度のグラフが表示されており、乾燥断熱線と湿潤断熱線が描かれている。逆転層（上層ほど気温が高い）の高度を読み取ったり、シュワルター安定指数ＩＳＳ（大気の安定度を表す時に使われる）を作図で求めたりする出題が頻出である。

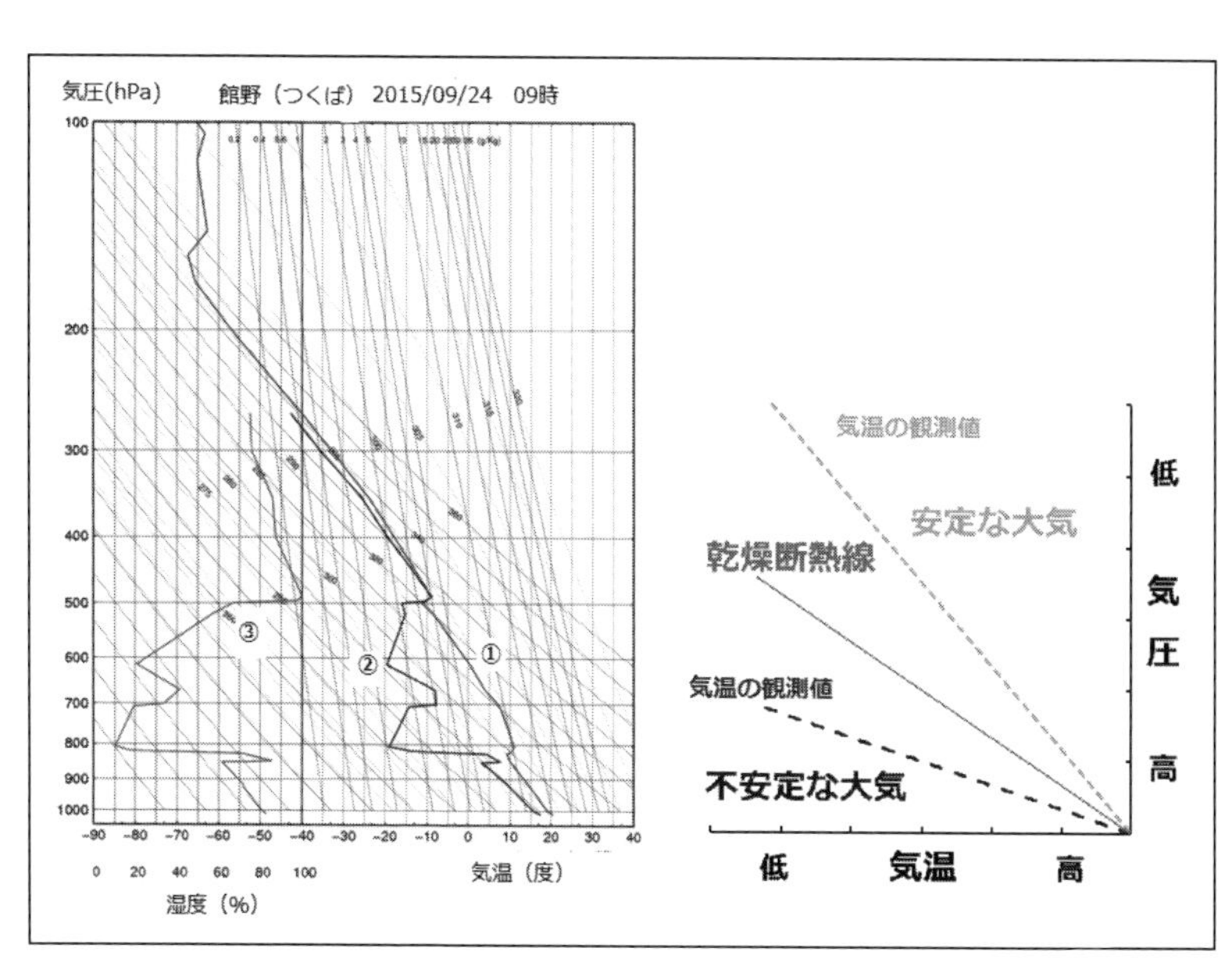

(4)レーダーエコー合成図

全国の気象レーダーサイトのエコーデータを合成して作成されたものである。降水強度が色分けで表示されている。

寒冷前線に伴う降水域の移動を問う出題や(1)⑤の上昇流図および地形図と比較する形で地形性の降水を記述させる出題が頻出である。

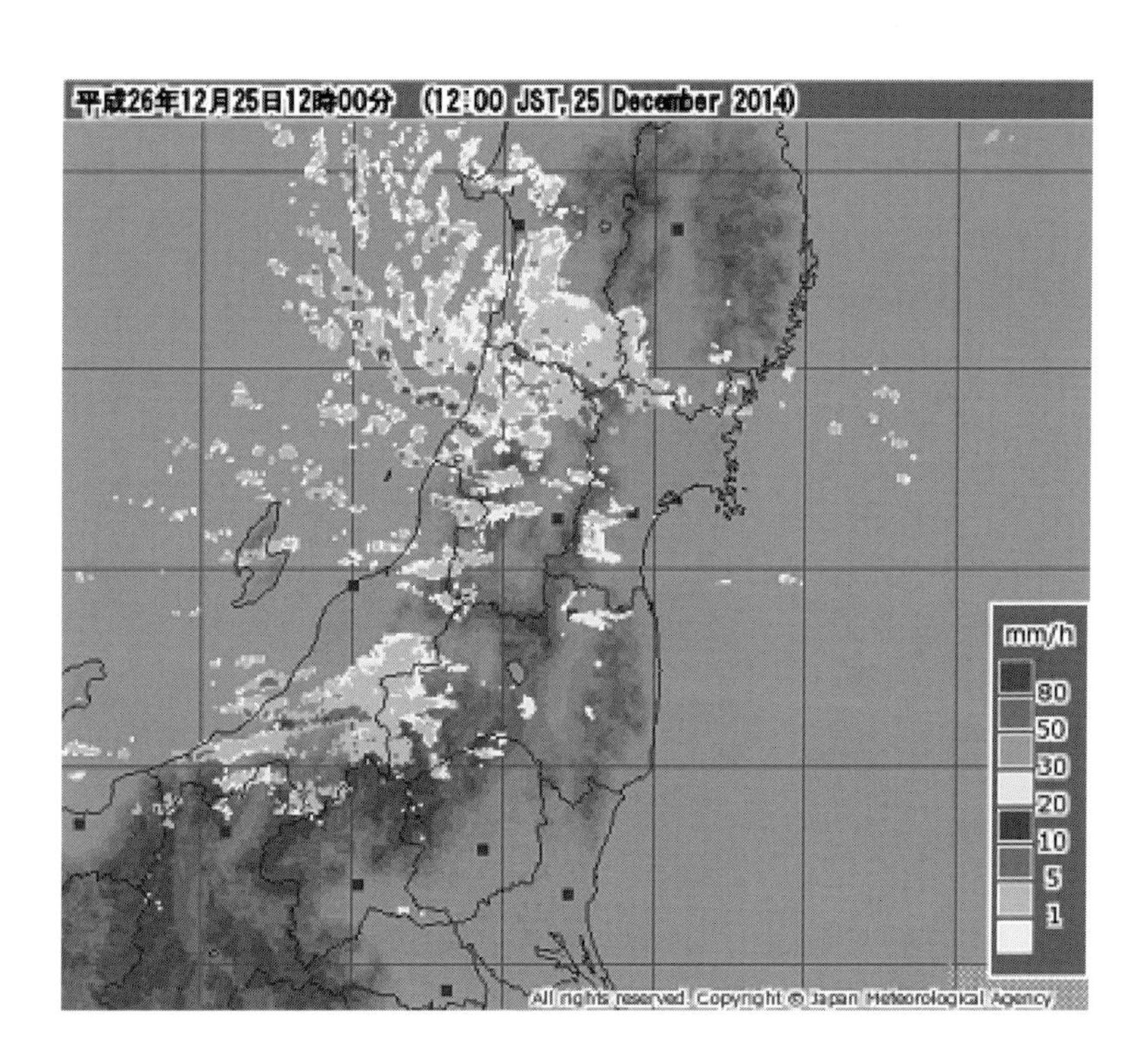

(5) ウインドプロファイラ観測資料

「実技」だけでなく、「専門」でも出題される資料である。

縦軸は海抜高度、横軸は観測時刻を表している。下の資料では時間経過が左から右になっているが、右から左へと逆になっている資料が提示されることが多くあるので、要注意である。風向・風速の記号は地上天気図などで使われている物と全く同じである。

地表から上層に向かっての風向の変化が明瞭に表現されるので、前線の通過を読み取る出題で提示されることが多い。

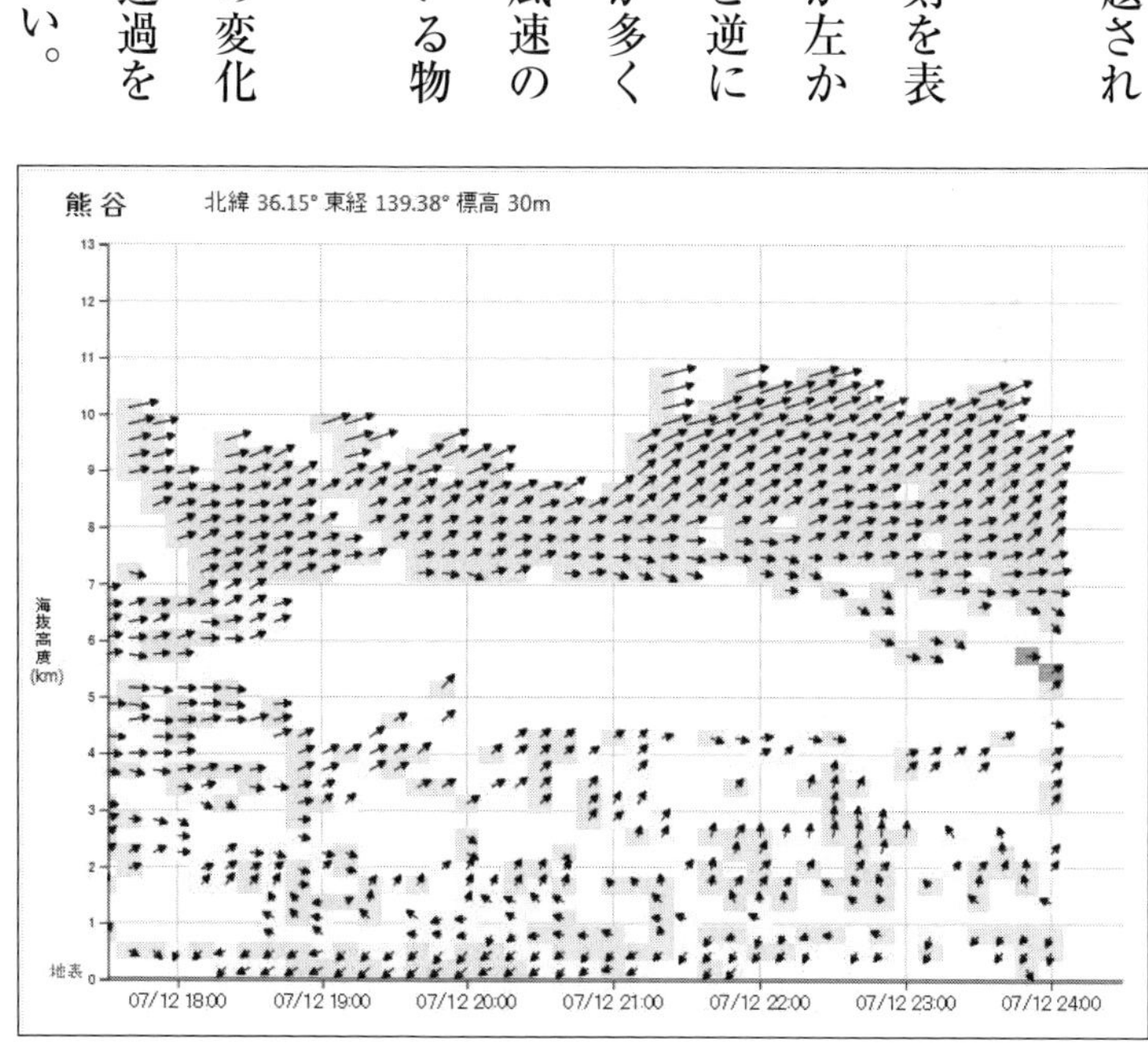

(6) 頻出の出題

温帯低気圧に関して

テーマ　低気圧の盛衰

出題される内容　低気圧が発達する時の状況

資料から読み取る状況　「低気圧進行前面」での暖気移流と上昇流域
「低気圧進行後面」での寒気移流と下降流域

ここでのキーワードは、温度移流(暖気移流と寒気移流)である。

暖気移流は、風が暖気側から寒気側に吹いている状況であり、寒気移流はその逆の状況を意味している。この状況を、④と⑤（140、141頁）の図から読み取ることになる。

移動方向、移動速度に関する出題も頻出である。トレーシングペーパーを活用して、効率よく解答する必要がある。使用すべき単位(ノットあるいはキロメートル毎時)に要注意である。（コラム129頁）

実技に出題される資料の天気図を中心に取り上げて、概要を説明した。134、135頁のリストにまとめた全ての資料には触れなかったが、興味のある方は実際の試験問題で確認いただきたい（気象業務支援センターのホームページに掲載されている）。最近の試験では、同一の時刻を示す複数の天気図がまとめられて一枚の図になっているなど、考察を手助けする工夫があり、受験者にとってはありがたい配慮が見られる。また、必要に応じてカラフルな図もある。受験の本番では解答することに集中しているのだが、後日ゆっくりと味わってみると良い。出題される図で、解答に使わない図は一枚もない。問題文で、「○図と○図を使って」などと親切に記載されている。

問題演習では、毎回図を印刷して、必要な色付けをしながら解答すると良い。プリンターのインク代や紙代を「けちっては」いけない。常に新鮮な気持ちで問題演習に取り組むためにも、本番に近い環境を整える必要がある。問題文は両面印刷、図と解答用紙は片面印刷である。

参考になる書籍やサイト

◉書籍

小倉　義光氏の著作
「一般気象学　第2版補訂版」（東京大学出版会　2016）
荒木　健太郎氏の著作
「雲の中では何が起こっているのか」（ベレ出版　2014）
「雲を愛する技術」（光文社新書　2017）
村井　昭夫氏の著作
「雲のカタログ」（草思社　2011）
「雲のかたち立体的観察図鑑」（草思社　2013）
武田　康夫氏の著作
「今の空から天気を予想できる本」（緑書房　2019）
「楽しい雪の結晶観察図鑑」（緑書房　2020）

◎**サイト**

●各種データや情報を得ることができる

「気象庁ホームページ」：データの宝庫

「サニースポット」：過去の専門天気図を閲覧できる

「気象業務支援センター」：気象予報士試験関係の情報

●合格者体験記（具体的な学習法のヒントが満載である）

「藤田真司の気象予報士塾」

「『めざてん』サイト」

◎気象予報士試験の問題を手に入れることができる書籍やサイト

「気象予報士試験問題と正解」（気象業務支援センター）

「気象予報士試験模範解答と解説」（東京堂出版）

「『めざてん』サイト」

【資料】気象業務法の抜粋（気象予報士に関する条文）

第一章　総則

（定義）

第二条　この法律において「気象」とは、大気（電離層を除く。）の諸現象をいう。

【略】

4　この法律において「気象業務」とは、次に掲げる業務をいう。

一　気象、地象、地動及び水象の観測並びにその成果の収集及び発表

二　気象、地象（地震にあっては、発生した断層運動による地震動（以下単に「地震動」という。）に限る。）及び水象の予報及び警報

三　気象、地象及び水象に関する情報の収集及び発表

四　地球磁気及び地球電気の常時観測並びにその成果の収集及び発表

五　前各号の事項に関する統計の作成及び調査並びに統計及び調査の成果の発表

六　前各号の業務を行うに必要な研究
七　前各号の業務を行うに必要な附帯業務

5　この法律において「観測」とは、自然科学的方法による現象の観察及び測定をいう。

6　この法律において「予報」とは、観測の成果に基く現象の予想の発表をいう。

7　この法律において「警報」とは、重大な災害の起るおそれのある旨を警告して行う予報をいう

8　この法律において「気象測器」とは、気象、地象及び水象の観測に用いる器具、器械及び装置をいう。

第三章　予報及び警報

（予報業務の許可）

第十七条　気象庁以外の者が気象、地象、津波、高潮、波浪又は洪水の予報の業務（以下「予報業務」という。）を行おうとする場合は、気象庁長官の許可を受けなければならない。

2　前項の許可は、予報業務の目的及び範囲を定めて行う。

【略】

（気象予報士の設置）

第十九条の二　第十七条の規定により許可を受けた者（地震動、火山現象又は津波の予報の業務のみの許可を受けた者を除く。次条において同じ。）は、当該予報業務を行う事業所ごとに、国土交通省令で定めるところにより、気象予報士（第二十四条の二十の登録を受けている者をいう。以下同じ。）を置かなければならない。

（気象予報士に行わせなければならない業務）

第十九条の三　第十七条の規定により許可を受けた者は、当該予報業務のうち現象の予想については、気象予報士に行わせなければならない。

【略】

第三章の二　気象予報士

（試験）

第二十四条の二　気象予報士になろうとする者は、気象庁長官の行う気象予報士試験（以下「試験」という。）に合格しなければならない。

2　試験は、気象予報士の業務に必要な知識及び技能について行う。

【略】

気象予報士となる資格

第二十四条の四　試験に合格した者は、気象予報士となる資格を有する。

（登録）

第二十四条の二十　気象予報士となる資格を有する者が気象予報士となるには、気象庁長官の登録を受けなければならない。

あとがき

出版社に勤める友人が気象予報士試験合格をとても喜んでくれ、思いがけず「体験記をまとめてみたら」という話になった。「まずは少し書いてみて」という勧めで、六年間を振り返りながら、思いつくままに書きためできあがったのが本書である。少々誇張して書いた部分もあるが、ほぼノンフィクションである。

私にとって初めての経験を、家族や友人がサポートしてくれた。読みやすさを第一に考えて書き進めたつもりであるが、全体の構成や具体的な表記について、一般人（理科人ではない）の立場からの具体的なアドバイスをもらい、書き進めることができた。心から感謝している。

本書が、少しでも二十一世紀を支える若者たちの参考になれば望外の喜びである。教員生活の中で出会った多くの生徒の顔を思い浮かべながら書き進めた項目もある。毎日とても良い刺激を与えてくれる生徒たち、教職に対する私の思いを形成してくれた、いままで出会った生徒たちに感謝したい。

少し照れるが、心からの感謝の気持ちを妻陽子に捧げたい。

この六年間、普通の人とはとても時間差のある生活を続けた。休日はほとんどの時間を図書館で過ごすことが多かった。これは、妻の理解なくしては続けることはできなかった。連敗が続いた時にも、ただ一言「本当に難しいんだね」と温かく見守ってくれた。この六年間で、塾や図書費、プリンター購入、用紙やインク代など、出費はかなりの額になった。時に「ちくり」と一言あったとはいえ、いわば黙認してくれた。妻の理解と協力そして応援無くしては、合格を勝ち取ることはできなかった。

まだまだ夢は続く。私の悪い癖で、まだ本書が日の目を見ない段階で次の夢を見始めている。少しずつ依頼が舞い込み始めた「天気教室」の記録をまとめてみたいと思う。本編で触れた、「ペーパー気象予報士」にならないためにも……。

私の初めての作品を、とても素敵な本に仕上げてくださった、デザイナーの前田宏治氏、装画のいまたほ之か氏、有限会社ザ・ロード・カンパニーのスタッフの皆様に心よりお礼申し上げる。

令和三年コロナ禍の続く九月
水野　敏明

水野　敏明(みずの としあき)

1950年(昭和25年)新潟県直江津市(現在は上越市)生まれ。

早稲田大学卒業、上越教育大学大学院修了。36年間中学校の教員を務め、上越市立名立中学校校長で定年退職。その後上越市立理科教育センター・国立妙高青少年自然の家で勤務し、現在は上越市立城東中学校で非常勤講師。69歳で気象予報士試験に合格し、気象予報士になる(登録番号第10844号)。

装幀　前田宏治／United
装画　いまたほ之か https://atoriehonoka.com

元校長が、69歳で
気象予報士になっちゃった

初版第1刷発行　2021年10月26日

著　者　　水野敏明

発行者　　井又道博
発行所　　有限会社ザ・ロード・カンパニー
〒101-0052 東京都千代田区神田神保町
3-4-29 九段下SSTビル2階
電話 03-6261-2391
発売所　　株式会社産經新聞出版
〒100-8077 東京都千代田区大手町1-7-2
電話 03-3242-9930

印刷所・製本所　株式会社シナノ

ISBN　978-4-86306-158-3　C0095

落丁・乱丁本はお取り替え致します。